KB182670

## 집에서 즐기는

# 근사한 외식

박채원 지음

집에서 즐기는

# 근사한 외식

**초판 1쇄 발행** · 2025년 2월 20일

**지은이** · 박채원

**발행인** · 우현진
**발행처** · 용감한 까치
**출판사 등록일** · 2017년 4월 25일
**팩스** · 02)6008-8266
**홈페이지** · www.bravekkachi.co.kr
**이메일** · aoqnf@naver.com

**기획 및 책임편집** · 우혜진
**마케팅** · 리자 **디자인** · 죠스 **교정교열** · 이정현
**CTP 출력 및 인쇄 · 제본** · 이든미디어



ISBN 979-11-91994-36-0(13590)

## 세상에서 가장 용감한 고양이 '까치'

동물 병원 블랙리스트 까치. 예쁘다고 만지는 사람들 손을 마구 물고 할퀴며 사나운 행동을 일삼아 못된 고양이로 소문이 났지만, 사실 까치는 누구보다도 사람들을 사랑하는 고양이예요. 사람들과 친해지고 싶은 마음에 주위를 뱅뱅 맴돌지만, 정작 손이 다가오는 순간에는 너무 무서워 할퀴고 보는 까치.

그러던 어느 날, 사람들에게 미움만 받고 혼자 울고 있는 까치에게 한 아저씨가 다가와 손을 내밀었어요. "만져도 되겠니?"라는 말과 함께 천천히 기다려준 그 아저씨는 "인생은 가까이에서 보면 비극이지만, 멀리서 보면 코미디란다"라는 말만 남기고 휭하니 가버리는 게 아니겠어요?

울고 있던 겁 많은 고양이 까치는 아저씨 말에 마지막으로 한 번 더 용기를 내보기로 했어요. 용기를 내 '용감'하게 사람들에게 다가가 마음을 표현하기로 결심했죠. 그래도 아직은 무서우니까, 용기를 잃지 않기 위해 아저씨가 입던 옷과 똑같은 옷을 입고 길을 나섭니다. '인생은 코미디'라는 말처럼, 사람들에게 코미디 같은 뻥 뚫리는 즐거움을 줄 수 있는 뚫어뻥 마법 지팡이와 함께 말이죠.

과연 겁 많은 고양이 까치는 세상에서 가장 용감한 고양이가 될 수 있을까요? 세상에서 가장 용감한 고양이 까치의 여행을 함께 응원해주세요!

〔PROLOGUE〕

# 계절의 선물, 제철 식재료로 채우는 나의 1년 열두 달

시곗바늘의 시침과 달력이 아닌, 자연의 움직임을 담은 식탁 위 한 그릇 요리로 계절을 확인하곤 해요.

봄기운를 담은 나물들이 움트기 시작하면 향긋한 향이 코끝을 간지럽힐 때가 있기도 하고, 여름날 뜨거워지는 날씨와 함께 각각의 색으로 아름답게 익어가는 채소를 보며 자연의 아름다움을 잠시 즐기는 순간이 있기도 하고, 땅의 깊은 풍미를 머금은 가을의 풍성한 식탁 위 선물을 보며 감사하는 시간을 보내기도 하고, 추워지는 날씨에 움츠러든 몸을 녹여주는 따듯한 겨울 요리에 마음까지 포근해질 때도 있죠.

그래서 저는 자연의 순환과 기다림, 향기와 날씨를 닮은 재료로 부엌을 채웁니다.

그렇게 계절에 따라 요리하다 보면 그날의 일상과 기분도 요리에 스며들기에 식탁에서 식사를 하는 것은 단순히 배를 채우는 게 아닌, 나와 계절이 함께하는 대화라고 생각해요.

이 책은 그런 모든 순간과 찰나 속에서 계절의 맛을 담아낸 재료로 채운 제 열두 달의 기록입니다. 각 계절만이 줄 수 있는 선물을 통해 써 내려간, 계절의 색깔과 향을 담은 소중한 추억이기도 하죠.

한 장 한 장 넘길 때마다 계절에 대한 기억과 요리로 각 계절을 만끽한 순간을 함께 떠올릴 수 있기를 바라며 지금 손에 남은 재료로 또 새로운 계절이 시작되길 기다립니다.

〔CONTENTS〕

## 5월

당근, 게, 가정의 달



## 6월

각종 채소, 감자, 초당옥수수, 복숭아



## 7월

토마토, 가벼운 와인 안주, 광어



## 8월

토마토, 양파, 파프리카

〔COOKING UTENSILS〕

### 그라탱 용기, 유리 오븐 용기

그라탱 용기와 유리 오븐 용기는 세라믹이나 강화유리로 만들어, 오븐 속 고온을 견디며 음식이 균일하게 익을 수 있도록 해요. 그라탱뿐만 아니라 베이킹, 찜, 구이 등 다양한 요리에 활용할 수있어요.

· 그라탱 용기 중: 22×17×5cm
· 그라탱 용기 대: 25×22.5×60cm
· 유리 오븐 용기 소: 13×22×8cm
· 유리 오븐 용기 대: 19×29×5cm
※손잡이를 제외한 크기입니다.

### 법랑 트레이

법랑 트레이는 활용도가 매우 높고 가벼워서 자주 사용하고 있어요. 가스레인지, 오븐은 물론 냉동실에서도 모두 사용 가능하기도 하고 손목에 무리가 가지 않아 요리 재료를 올려놓거나 다듬을 때 등 두루두루 쓰기 좋거든요. 법랑은 일반 철에 유약을 씌운 것이기 때문에 일부분이 깨지면 깨지는 부위가 점점 넓어지고, 유약이 깨지면 녹이 쓸기 때문에 법랑이 깨지지 않도록 조심하며 써야 합니다. 내부가 금속이라 전자레인지 사용이 불가능하다는 점을 잊지 마세요!

### 머핀 팬

머핀 팬은 주로 베이킹에 활용하지만 파티용 핑거 푸드나 아이 간식을 만들 때도 쓰기 좋아요. 사이즈에 따라 개별적으로 요리하는 데 유용하며, 여러 종류의 요리를 한번에 구울 수 있어 효율적입니다. 재료를 조금씩 머핀 틀에 담고 오븐에 구워내면 한입 크기로 먹기 좋아 간단한 브런치나 손님 접대용으로 활용하기 적합해요.

· 머핀 팬 6구: 270×195×4.5cm(1구당 윗지름 7cm, 밑지름 5.5cm)

### 계량컵, 계량스푼

계량컵은 요리에서 정확한 재료 비율을 맞추는 데 꼭 필요한 도구입니다. 가루나 액체를 계량할 뿐 아니라 다진 채소나 견과류 등 다양한 재료를 계량할 수 있죠. 계량컵에 간단한 소스나 재료를 비율에 맞춰 넣으면 반죽이나 소스를 한번에 계량해서 믹싱해 넣기 편리합니다.

· 계량컵 500ml, 250ml, 150ml, 25ml
※본 책의 레시피에서 사용한 '1컵'은 235ml 짜리 계량컵을 기준으로 했습니다.
· 계량스푼 1T(5ml), ½T(2.5ml), ¼T(1.25ml), 1t(1ml) ※ T=큰술, t=작은술

### 토치

토치는 요리를 마무리하거나 불 맛을 낼 때 치즈 혹은 설탕 등을 녹이는 등 다양하게 활용 가능해요. 같은 음식도 불 맛으로 스모키한 향을 더해주면 맛에 레이어가 쌓이는 것 같은 느낌이라 주방에 꼭 필요한 도구 중 하나라고 생각합니다. 빠르고 쉽게 고온을 낼 수 있어 요리의 마무리를 책임지고 디테일을 살려주거든요. 단, 불과 가스를 사용하기 때

문에 주변에 인화성 물질이 없는지 꼭 확인하세요.

### 제스터

저는 다양한 제스터를 사용하고 있어요. 치즈뿐 아니라 레몬이나 라임, 오렌지 등을 갈아 향과 풍미를 더해줄 수 있고, 다진 마늘을 사용할 때도 고운 텍스처가 필요할 때 사용하기 좋아요. 강판처럼 가는 치즈 그레이터, 조각칼처럼 모양을 내며 셰이빙해 깎는 필러 그레이터, 와사비나 무를 갈기 좋은 일본식 강판 오로시가네가 있어요.

· 치즈 그레이터: 고운 텍스처로 갈 때 사용

· 필러 그레이터: 과일 껍질이나 초콜릿 등을 셰이빙할 때 간결하고 심플한 결로 성형 가능

· 오로시가네: 소바에 곁들일 무와 같이 소량을 갈 때 사용

### 블렌더

블렌더는 식재료를 갈고 섞는 데 사용하는 주방 도구로, 음료 또는 요리 재료를 빠르게 혼합하거나 분쇄할 수 있어 유용해요. 기본적으로 재료를 가는 데 사용하지만 많은 양을 다져야 할 때 특히 편하고, 반죽을 하거나 소스와 드레싱을 만들 때도 요긴하게 사용됩니다.

### 스매셔

요리에서 간단한 재료를 빠르게 부수고 섞는 데 사용하는 도구로, 주로 감자나 고구마, 삶은 달걀, 과일 등을 으깰 때 씁니다. 홀 토마토 통조림의 토마토를 으깨 소스를 만들 때도 유용해요.

· 포크로 대체 가능

### 무쇠 팬

잘 시즈닝된 팬은 자손에게 물려준다는 말이 있듯 무쇠 팬은 균일한 열 분포로 고기, 구이, 볶음 등 다양한 요리에 사용되고 그 자체로 풍미를 더해줍니다. 특히 저는 원 팬 요리를 할 때 주로 사용하는데, 팬에 볶거나 구운 후 오븐에 구워야 하는 요리에 항상 사용해요. 뜨겁게 달군 무쇠 팬을 식탁 위에 올려놓으면 일정 시간 따듯하게 먹기도 좋고요. 관리하기가 조금 번거운 건 사실이지만, 제대로 사용하면 수십 년간 사용할 수 있어 그만큼 가치가 있다고 생각합니다.

· 무쇠팬 중: 10.25in

· 무쇠팬 소: 8in

### 대나무 찜기

대나무 찜기는 만두나 떡을 켜켜이 쌓아 푸짐하게 찔 때 주로 사용해요. 대나무는 수분을 흡수하는 특성이 있어 찜기 안 과도한 수분을 흡수하기 때문에 대나무 찜기에 찌면 적절히 촉촉한 식감으로 음식을 즐길 수 있습니다. 찜기에서 익은 음식을 그대로 냉장고에 보관할 때도 유용하고, 간단한 도시락을 싸도 귀여워요.

· 대나무 찜기 20호

# January

**꼬막, 굴, 대구, 봄동, 시금치**

겨울의 시작인 1월, 차가운 바람 속에서 바다는 가장 깊고도 풍성한 맛을 품습니다. 해산물은 바다의 힘을 담아 겨울철의 냉기 속에서도 우리 몸에 따뜻한 기운을 전해주고, 노지 바람을 맞고 자란 시금치와 혹독한 겨울을 뚫고 나온 봄동의 생명력은 새해를 시작하는 마음에 활기를 불어넣어주는 것 같아요.

꼬막과 세발나물로 바다 향을 머금은 파스타, 파이 도를 얹은 굴로 만든 클램 차우더, 대구를 한층 더 맛있게 만들어주는 스페인식 꿀대구는 바다의 풍미와 생명력을 품고 있습니다. 또 차가운 땅과 바람을 뚫고 자란 꽃을 닮은 봄동 시저 샐러드와 해풍을 맞고 자란 노지 시금치의 달큰함이 더해진 투스칸 새먼은 힘찬 활력이 가득해 새해에 새로운 삶을 다짐하는 우리와 닮은 것 같아요.

✗ 1월의 첫 번째 요리 ✗

# 꼬막 톳 파스타

육해공 중 어떤 식재료를 가장 좋아하시나요? 저는 단연코 바다 식재료라고 대답할 수 있어요. 해산물을 정말 좋아해서 마트에 가면 항상 수산물 코너를 한참 동안 둘러보곤 합니다. 겨울에는 특히 다양한 해산물이 나와 식탁이 풍성해지는 것 같은 기분이에요.

찬 바람이 불면 통통하게 살이 오르는 꼬막은 겨울에 먹기 좋은 별미 중 하나예요. 쫄깃하면서도 달큰한 감칠맛이 느껴지는 꼬막은 가볍게 쪄 먹어도, 매콤새콤 무쳐도, 밥과 함께 슥슥 비벼 먹어도 다양한 매력을 뽐내는 식재료라고 생각해요. 겨울이 될 무렵에 한 번씩 생각나는 파스타 중 하나인 꼬막 톳 파스타를 소개해드릴게요.

탱글하면서도 달콤한 감칠맛이 나는 꼬막과 톳의 오도독한 식감이 재미있어 일반적인 파스타와는 또 다른 인상을 주죠. 다양한 식감의 바다 맛을 담은 식재료 사이에서 부드러운 면이 중심을 잡으니 한 접시에 담아내면 먹는 내내 다채로운 식감으로 입안이 재미있고, 맛도 잘 어우러져요.

일반적인 오일 파스타와 달리 쓰유를 넣고 마지막에 들기름으로 부드러운 터치를 더해서 그런지 약간 일본스러운 뉘앙스가 풍기는 것 같아요(이탈리아 사람들은 분명 화내겠지만). 이 파스타에서 중요한 역할을 하는 건 들기름이라고 생각하는데, 들기름의 향긋하면서 고소한 풍미가 어우러져 마지막에 넉넉히 뿌리더라도 절대로 과하지 않아요. 들기름은 충분히! 꼭 메모해주세요. 일반적인 한식 메뉴가 아니라 또 다른 방법으로 색다르게 입맛을 깨워줄 수 있는 메뉴라 새로운 꼬막 요리에 도전해보고 싶은 분들께 추천합니다. 식사로 먹어도 정말 맛있고, 시원한 사케 또는 하이볼이랑 먹어도 제격이에요.

## ☑ 준비

재료

- 파스타 면 75g
- 톳 100g
- 꼬막 500g
- 청주 약간
- 마늘 1줌
- 홍고추 ½개
- 세발나물 1줌
- 마늘 플레이크 약간
- 올리브 오일 약간
- 통후춧가루 약간
- 들기름 약간

소스

- 쓰유 3큰술
- 참치액 ½큰술
- 맛술 1+½큰술
- 들기름 2큰술

## ☑ 만들기

1. 깨끗이 해감한 꼬막 500g을 불순물이 나오지 않을 때까지 충분히 씻어 손질해주세요.

2. 끓는 물에 꼬막을 넣은 뒤 청주를 약간 넣어 한 방향으로 저어가며 삶아주세요. 꼬막이 입을 열면 충분히 익은 것이니 꼬막을 삶을 때 꼭 확인해주세요. 모든 꼬막이 입을 여는 게 아니기 때문에 적당한 타협이 필요합니다.

tip. 10개 중 1개 정도가 입을 벌리면 건져내세요. 너무 오래 삶으면 꼬막이 질겨지고 살이 쪼그라들어요.

3. 꼬막을 건져낸 뒤 한 김 식히고 꼬막을 삶은 물 중 깨끗한 부분만 따로 덜어내주세요. 꼬막을 손질할 때 필요합니다.

4. 꼬막을 한 김 식힐 동안 톳 100g을 끓는 물에 데친 뒤 따로 덜어내주세요.

5. 마늘 1줌과 홍고추 ½개를 편으로 썰어주세요.

6. 끓는 물에 소금을 넣고(물 1L당 소금 10g) 파스타 면 75g을 삶을 동안 플레이팅할 꼬막 몇 개는 놔두고, 나머지는 모두 살을 발라내세요. 발라낸 꼬막은 뻘이나 이물질이 남아 있을 수 있으니 꼬막 삶은 물에 살살 흔들어 헹궈내세요.

7. 팬에 올리브 오일을 둘러 썰어놓은 마늘로 마늘 기름을 낸 뒤 ④의 데친 톳을 먹기 좋은 크기로 잘라 삶은 파스타 면과 함께 넣고 면수 1국자, 분량의 소스 재료를 넣어 잘 섞어주세요. 간은 가감해가며 입맛에 맞춰주세요.

8. 면에 소스가 충분히 배어들면 손질한 꼬막을 넣어 빠르게 볶아주세요.

9. 그릇에 요리를 옮겨 담은 뒤 세발나물과 썰어놓은 홍고추, 마늘 플레이크를 올리고 통후춧가루를 뿌린 다음 들기름을 한 번 더 넉넉히 뿌려 마무리하세요.

1
2
3
4
5
6
7,
8

1월의 두 번째 요리

# 오이스터 차우더, 앙 쿠르트 수프

추운 겨울철 따듯하게 한 그릇 먹기 좋은 파이 도 굴 수프를 소개할게요. 일반적으로 조개 수프라고 하면 조개와 감자를 넣은 클램 차우더를 많이 떠올릴 거예요. 제가 겨울이면 종종 해 먹는 굴과 감자를 넣은 오이스터 차우더로 든든하게 만드는 요리예요. 평소에 굴을 좋아하고, 클램 차우더를 즐기는 분들이면 분명 맛있게 먹을 수 있을 거라 생각합니다.

오늘은 앙 쿠르트(En Croûte) 형식으로 수프를 만들었어요. 앙 쿠르트는 '껍질로 덮이다'라는 뜻의 프랑스어로, 그릇에 수프를 넣은 후 페이스트리 반죽을 덮어 구워내는 것을 뜻해요. 겉에 붙은 빵 때문에 수프는 따뜻한 온도와 맛을 유지하고 빵은 습기를 머금어 촉촉해지는데, 이 빵을 손으로 뜯어서 따끈한 수프에 찍어 먹으면 마음까지 따뜻해지는 듯한 느낌이랄까요? 포근한 느낌에 슬쩍 웃음이 나기도 합니다. 일반적으로 수프는 식전에 가볍게 먹지만, 저는 굴을 너무 좋아하기 때문에 한가득 퍼서 든든하게 식사 대신 먹곤 해요. 넉넉히 넣은 굴과 각종 채소, 크림에 페이스트리까지 여러 영양소를 한 번에 먹을 수 있기 때문에 훌륭한 한 끼가 되거든요. 실제로 정말 든든해서 먹고 나면 국밥 한 그릇을 먹은 듯한 포만감이 듭니다.

'반죽을 올려야 하면 너무 번거로운 거 아닐까?'라는 의문을 가질 수 있지만, 냉동 생지를 적극 활용하면 번거로울 일이 전혀 없어요. 인터넷에 사각 페이스트리 생지를 검색하면 쉽게 구매할 수 있어 간단하게 앙 쿠르트 수프를 만들 수 있죠.

## ☑ 준비

재료

- 양파 ½개
- 감자 ½개
- 베이컨 3장
- 셀러리 1뼘
- 버터 2큰술
- 밀가루 2큰술
- 쿠킹 크림 200ml
- 알굴 200g
- 파르미자노 레자노 5g
- 통후춧가루약간
- 소금 약간

※ 알굴의 염도에 따라 조절

- 이탈리언 파슬리 약간
- 사각 페이스트리 시트 1개

※ 크루아상 생지로 대체 가능

- 올리브오일 약간
- 달걀노른자 1개 분량

## ☑ 만들기

1. 양파 ½개, 감자 ½개를 큐브 형태로 작게 썰고, 베이컨 3장과 셀러리 1뼘 분량은 편으로 썰어 준비해주세요.

2. 팬에 오일을 살짝 둘러 베이컨을 중약불에서 볶다가 어느 정도 익었을 때 양파, 감자, 셀러리를 넣고 볶아주세요. 베이컨이 적당히 익었을 때 채소를 넣어 볶으면 베이컨과 채소가 익는 타이밍을 맞출 수 있어요. 이때 토핑으로 올릴 베이컨 칩을 약간만 빼놓아주세요.

3. 냄비에 버터 2큰술과 밀가루 2큰술을 넣고 볶아 화이트 루를 만들어주세요. 이때 갈색을 띠지 않도록 약한 불에 천천히 볶아주세요.

4. 루가 완성되면 볶아둔 채소와 베이컨을 넣은 뒤 쿠킹 크림 200ml와 깨끗이 씻은 알굴 200g, 통후춧가루 적당량을 넣어 섞은 뒤 너무 되직하다면 물 100ml 정도를 약간씩 넣어가며 풀어 섞어주세요.

5. 수프가 끓으면 갈아놓은 파르미자노 레자노 치즈 5g 분량과 통후춧가루를 듬뿍 넣어 섞은 뒤 굴의 염도에 따라 간이 모자라다면 소금을 약간 추가하세요.

6. 수프가 완성되면 볼에 담은 뒤 빼놓았던 베이컨 칩과 이탈리언 파슬리를 올리고 통후춧가루를 뿌려주세요.

7. 볼 위에 사각 페이스트리 시트를 올려 입구를 잘 막은 뒤 달걀노른자를 발라 170℃로 예열한 오븐에 10분간 구워주세요.

tip. 페이스트리 시트가 없다면 크루아상 생지를 밀대로 밀어 올려 구워도 됩니다.

1
2
3
4
5
6
7

✗ 1월의 세 번째 요리

# 스페인식 꿀대구

꿀대구 하면 생각나는 친구가 있어요. 그 친구가 신혼여행에서 먹은 꿀대구를 극찬하면서 "채원아, 이건 꼭꼭꼭 먹어봐!"라고 말해준 게 기억에 남아 한국에서 꿀대구로 유명한 집을 여러 군데 찾아다녔어요. 스페인 음식은 워낙 한국인 입맛에 잘 맞기로 유명한 만큼 제 입맛에도 잘 맞아 대부분 맛있지만, 그중에서 먹자마자 감탄한 음식이 꿀대구 요리예요. '나도 언젠간 꿀대구 요리를 잘 만들어보겠어!'라는 집념 아래 스페인 현지인 레시피를 얼마나 찾아보고 몇 번이나 만들어봤는지 모르겠어요.

그래도 다행히 궁금한 음식이 있을 때 현지에 가지 않고도 인터넷으로 그들의 노하우를 알 수 있으니, 집에서도 전 세계 레시피를 찾아볼 수 있는 시대에 태어난 걸 다행이라고 생각합니다. 저는 한국에서만 먹어 현지의 맛과 어느 정도 비슷한지 모르겠지만, 스페인 미슐랭 3 스타 레스토랑에서 일했던 셰프의 가게에서 먹은 꿀대구 요리 맛을 만족할 정도로 재현했어요. 개인적인 의견이지만, 식당에서 맛있게 먹은 음식을 집에서도 즐길 수 있을 때 느끼는 쾌감은 상당하다고 생각해요(좋아하는 재료를 더 많이 넣을 수 있고, 먹고 싶은 만큼 먹을 수 있거든요).

꿀과 토마토소스, 마늘 마요네즈소스인 아이올리를 입힌 꿀대구를 한가득 떠서 입에 넣으면, 도톰한 대구 속살에 한번 구워내 스모키한 향이 나는 아이올리가 촉촉하고 부드럽게 마늘 향을 더해주고, 토마토소스의 새콤함과 꿀의 달달한 조합이 한데 어우러져 밸런스와 하모니가 최고라 추천하는 메뉴예요.

☑ 준비

재료

- 대구 필레 2개
- 소금 약간
- 통후춧가루 약간
- 타임 4줄기
- 올리브오일 약간
- 꿀 약간
- 로즈메리 약간

토마토소스

- 소금 약간
- 마늘 크게 1줌
- 양파 1개
- 후숙 토마토 3개
- 화이트 와인 1컵
- 토마토 페이스트 2~3큰술
- 타임 2줄기
- 통후춧가루 약간

아이올리소스

- 마늘 2톨
- 소금 약간
- 달걀 1개
- 식용유 200ml
- 레몬즙 2큰술
- 디종 머스터드 1/2작은술

☑ 만들기

1. 해동한 대구 필레를 소금과 통후춧가루를 뿌려 밑간해주세요.

2. 계량컵에 실온에 둔 달걀 1개, 소금 약간, 식용유 200ml, 레몬즙 2큰술, 디종 머스터드 1/2작은술을 넣은 뒤, 핸드 블렌더로 바닥 면부터 밀착해 마요네즈를 만들어주세요.

3. 마요네즈가 완성되면 마늘 2톨을 넣어 곱게 갈아 아이올리소스를 만들어주세요.

4. 마늘 크게 1줌을 잘게 다지고, 속을 뺀 후숙 토마토 3개와 양파 1개를 주사위 크기로 잘라주세요.

5. 올리브 오일 두른 팬에 양파를 볶다가 투명해지면 마늘을 넣고 함께 볶아주세요.

6. 마늘과 양파가 익으면 속을 뺀 토마토를 볶고, 토마토가 뭉개지기 시작하면 화이트 와인 1컵, 토마토 페이스트 2~3큰술, 소금과 통후춧가루 약간을 넣고 수분이 날아가도록 볶아주세요.

7. 수분이 날아가 되직해지면 생타임 2줄기 잎만 넣어 가볍게 향을 입힌 뒤 체에 토마토소스를 걸러주세요.

8. 오일 두른 팬에 재워둔 대구 필레를 타임과 함께 노릇하게 구운 뒤 토마토소스를 뿌린 접시 위에 대구 필레를 올리고 아이올리를 얹은 다음 토치로 노릇하게 구운 뒤 로즈메리와 꿀을 한두 바퀴 둘러 마무리하세요.

1
2
pyrex
3
4
5
6
7
8

✗ 1월의 네 번째 요리

# 봄동구이 시저 샐러드

요즘 즐겨 먹는 요리 중 하나는 샐러드예요. 20대까지만 해도 샐러드는 내 몸에 미안할 때 먹는 속죄의 음식처럼 여겼기 때문에 누군가 샐러드를 먹자고 하면 "그런 건 식사가 아니잖아"라며 정색하곤 했는데, 30대가 된 후로 샐러드의 아삭함과 편안함, 깨끗한 느낌이 기분 좋게 다가오는 것 같아요. "채원아, 너도 이제 어른이 되었구나!"라고 하기엔(이미 그럴 시기도 훌쩍 지났지만) 매년 소화력이 조금씩 떨어져가는 것 같기도 하고요. 무엇보다 건강을 위해 의식적으로 채소를 조금 더 챙겨 먹으려 하다 보니 샐러드를 즐기는 사람이 되었어요.

샐러드는 소스의 역할이 중요해요. 제가 특히 좋아하는 드레싱 중 하나는 시저 샐러드(Caesar salad)예요. 시저 샐러드는 1924년 이 요리를 개발한 시저 카르디니(Caesar Cardini)의 이름을 따서 지은 명칭이에요. 1930년대 파리에서 열린 세계미식가협회에서 일류 주방장들이 뽑은 '지난 50년간 미국인이 만든 요리' 중 최고의 레시피로 선정될 만큼 매력적인 샐러드이고, 그만큼 친숙한 메뉴이기도 합니다. 일반적으로 시저 샐러드는 로메인으로 만들지만 저는 겨울이 되면 봄동이나 알배추를 구워 만들어 먹곤 해요.

베이컨 기름에 구운 채소에 토치로 불 맛을 입힌 뒤 바삭한 크루통과 짭조름한 베이컨 칩, 고소한 달걀을 치즈 듬뿍 뿌려낸 시저 샐러드와 함께 먹다 보면 봄동 1단을 다 먹는 건 순식간이에요.

## ☑ 준비

재료

- 봄동 1단
- 베이컨 130g
- 달걀 3개
- 식빵 1장
- 오일 약간
- 파르미자노 레자노 치즈 약간
- 통후춧가루 약간

시저소스

- 달걀 1개
- 식용유 200ml
- 레몬즙 2큰술
- 디종 머스터드 ½큰술
- 안초비 필레 2 + ½마리
- 마늘(작은 것) 3톨
- 우스터셔소스 ½큰술
- 파르미자노 레자노 치즈 40g
- 올리브 오일 70ml
- 소금 약간
- 통후춧가루 약간

## ☑ 만들기

1. 계량컵에 실온에 둔 달걀 1개, 소금 약간, 식용유 200ml, 레몬즙 2큰술, 디종머스터드 ½큰술을 넣은 뒤 핸드 블렌더로 바닥 면부터 밀착해 마요네즈를 만들어주세요. 여기에 안초비 필레 2 + ½개와 마늘 3톨, 우스터셔소스 ½큰술을 넣은 다음 다시 블렌더로 갈아줍니다.

2. 블렌더로 모두 간 뒤 파르미자노 레자노 치즈 40g를 그레이터로 갈고 통후춧가루를 넉넉히 넣어 잘 섞어주세요. 이때 올리브 오일 70ml를 조금씩 섞어가며 저어 소스를 완성합니다.

3. 실온에 꺼내둔 달걀 3개를 끓는 물에 넣고 7분간 삶아주세요.

4. 테두리를 잘라낸 뒤 주사위 크기로 자른 식빵을 기름을 두르지 않은 팬에 약한 불로 구워 크루통을 만들어주세요.

5. 1cm 크기로 잘게 자른 베이컨을 오일 두른 프라이팬에 약한 불로 천천히 구운 뒤 키친타월 위에 올려 기름을 빼주세요.

tip. 이때 불이 세면 베이컨이 쉽게 타니 꼭 기름을 두른 팬에서 인내심을 갖고 천천히 구워주세요. 노릇노릇 황금빛으로 끓는 기름에 천천히 구우면 기름기가 쭉 빠지고 바삭한 베이컨 칩을 만들 수 있어요.

6. 베이컨 기름을 어느 정도 걷어낸 뒤 봄동을 앞뒤로 가볍게 구운 다음 토치로 전반적으로 불 맛을 입혀주세요.

7. 봄동에 ②의 시저소스를 골고루 바른 뒤 만들어둔 반숙란과 크루통, 베이컨 칩 적당량과 파르미자노 레자노 치즈, 통후춧가루로 마무리해주세요.

tip. 남은 베이컨 칩은 지퍼 백에 담아 냉동 보관하면 파스타나 샐러드, 수프 등에 다양하게 사용할 수 있습니다. 시저 드레싱은 밀폐 용기에 담아 냉장 보관하면 최대 5일 동안 다양한 요리에 활용 할 수 있습니다.

1
2
3
4
5
6
7

LODGE

✗ 1월의 다섯 번째 요리

# 투스칸 새먼

"고모, 채채 맘마 먹고 싶어!" 하며 집에 세살배기 조카가 놀러 왔어요. 뭘 해줄까 고민하다가 저희 집에서 가장 자주 해 먹는 연어 요리 투스칸 새먼을 만들어줬더니 아주 잘 먹더라고요. 아직 육아 경험이 없어서 아이들이 대부분 연어를 좋아하는지 잘 모르겠지만, 왠지 어린 시절 제 모습이 떠올랐습니다. 저는 어릴 때부터 연어를 너무너무 좋아했기 때문에 저희 집은 가을엔 꼭 양양으로 연어를 먹으러 가곤 했어요. 단골집에서 연례행사처럼 연어 한 마리를 회 떠서 충분히 배부를 만큼 먹고, 남은 필레를 집에 포장해 와서 소분해 얼려놓은 뒤 한 조각씩 꺼내서 구워 먹었죠. 이제는 양양에서 외국계 대형 마트로 행선지가 바뀌긴 했지만, 연어를 벌크로 사 와 양껏 먹고 남은 것은 소분해 얼려 먹는 것은 여전해요.

어릴 땐 회로 먹거나 구워 먹는 게 전부였지만, 이제는 포케나 김밥, 샐러드 등으로 다양하게 먹고, 거기서 한발 더 나아가 솥밥이나 투스칸 새먼, 파피요트 등 수많은 방법으로 연어를 먹는데 그중 저희 집에서 자주 해 먹는 투스칸 새먼을 소개해드릴게요.

원 팬으로 만들 수 있어 조리 과정도 너무 간단하고 비주얼도 좋은데 맛까지 훌륭해서 언제나 실패 없이 만들 수 있고, 연말 파티 상차림으로도 추천하는 메뉴입니다. 무엇보다 다양한 맛의 조화가 일품인 요리예요.

부드럽고 담백하게 구워낸 연어에 고소하게 어우러진 크림소스가 풍미를 더해주고, 시금치와 방울토마토, 양송이버섯이 맛에 밸런스를 더해줘 다양한 맛을 즐기기에도 좋아요. 특히 크림소스가 너무 맛있어서, 빵에 찍어 재료와 함께 올려 먹어도 좋고, 소스에 펜네 같은 쇼트 파스타를 넣어 먹어도 아주 잘 어울려요.

## ☑ 준비

재료

- 연어 200g
- 소금 약간
- 통후춧가루 약간
- 새우 5마리
- 시금치 150g
- 방울토마토 6개
- 식용유 약간

소스

- 양파 ½개
- 마늘 1줌
- 버터 10g
- 쿠킹 크림 300ml
- 파르미자노 레자노 치즈 5g
- 화이트 와인 ½컵
- 소금 약간
- 통후춧가루 약간

## ☑ 만들기

1. 소금과 통후춧가루로 연어에 밑간을 해주세요.

2. 마늘 1줌과 양파 ½개는 편으로, 방울토마토 6개는 반으로, 시금치 150g은 듬성듬성 썰어 준비해주세요.

3. 연어와 해동한 새우를 식용유 두른 팬에 구운 뒤 잠시 빼놓아주세요.

4. 연어를 구운 팬에 버터 10g과 썰어놓은 양파, 마늘을 넣고 볶아주세요.

5. 양파와 마늘이 익으면 화이트 와인 ½컵을 넣고 알코올을 날려주세요.

6. 알코올이 날아가면 쿠킹 크림 300ml과 파르미자노 레자노 치즈 5g, 통후춧가루를 약간 넣고 갈아주세요. 이때 간이 부족하다면 취향에 맞게 소금을 조금 더 넣어주세요.

7. ⑥의 크림소스에 구워둔 연어와 새우, 썰어둔 시금치를 넣어 끓이고 소스가 어느 정도 졸아들고 시금치 숨이 죽으면 방울토마토를 넣어 가볍게 끓인 뒤 통후춧가루를 뿌려 마무리해주세요.

tip. 저는 푹 익은 방울토마토를 선호하는 편이 아니라 항상 방울토마토를 마지막에 넣어 가볍게 볶아주지만, 취향에 따라 미리 넣어 푹 익혀도 됩니다. 방울토마토를 미리 넣어 조리할 경우 방울토마토에서 즙이 새어 나오니 통째로 넣어 조리해주세요.

1
2
3
4
5
6
7

# February

**냉이, 도미, 밸런타인데이, 명절 음식**

추운 겨울의 끝자락에서 냉이가 살며시 모습을 드러내 향긋하게 다가올 봄을 미리 알리고, 도미는 쫀쫀하고 신선한 맛으로 고소함과 담백함을 느끼게 해줍니다. 냉이는 시원한 봉골레 파스타로 변신하고, 담백한 도미는 미소 향을 머금은 생선구이로 만들어 밥반찬으로 먹거나 솥밥으로도 먹어요.

제철 식재료뿐만 아니라 행사도 많은 달이기에 사소한 즐거움을 누릴 수 있는 달이기도 한 것 같아요. 밸런타인데이에 사랑하는 사람을 위해 달달한 요리를 준비하면서 달콤한 향기로 온 집 안을 채우는 즐거움과 설날에 명절 음식을 준비하며 남은 재료를 활용해 알뜰하게 요리하는 것도 이 시기의 작은 기쁨 중 하나죠.

✱ 2월의 첫 번째 요리

# 냉이 봉골레

냉이의 기원이 유럽인 걸 아셨나요? 냉이는 비교적 '어른 맛'으로 분류되는 나물이다 보니, 예부터 조상님들께서 무쳐서 먹던 우리나라 전통 식재료로 착각하기 쉬워요.

온 세계에서 널리 자라는 두해살이풀인 냉이는 농경 활동을 따라 중국을 거쳐 우리나라에 들어온 것으로 추측됩니다. 우리나라에서는 쌉싸래한 풀 내음과 특유의 향긋함으로 뿌리와 잎까지 모두 먹는 봄을 대표하는 식재료 중 하나로 자리매김했지만, 유럽에서는 어린 냉이의 잎을 샐러드로 먹거나 허브로 사용하는 차이점이 있어요.

봄나물은 각각의 매력이 커서 참 좋아하는데, 냉이는 비교적 빨리 만날 수 있는 봄나물이라 냉이를 마주하면 기쁜 마음으로 장바구니에 넣곤 해요. 아무래도 냉이는 조금씩 파는 식재료가 아니다 보니 한번 구매하면 다양한 방법으로 먹을 생각을 하게 되는 것 같아요. 그래서 항상 장바구니에 모시조개를 함께 담곤 합니다. 냉이와 조개의 조합은 언제나 잘 어울려서 일부는 파스타로, 일부는 된장찌개로 만들 수 있어 활용도가 참 높거든요.

냉이의 향긋한 향과 모시조개의 달큰 담백한 감칠맛을 살려 특유의 시원함을 즐기기 위해 국물 파스타로 만드는 것이 특징인 냉이 봉골레는 냉이와 모시조개가 개운한 느낌을 주어 파스타를 먹으면서도 해장이 되는 듯한 기분이에요. 제철을 맞은 모시조개의 달큰한 국물에 봄하면 빼놓을 수 없는 냉이를 듬뿍 넣어 봄을 맞이하는 기분을 한 그릇으로 느낄 수 있어요.

## ☑ 준비

재료

- 파스타 면 80g
- 소금 적당량
- 통후춧가루 약간
- 올리브 오일 약간
- 마늘 1줌
- 프릭키누 2개
※ 홍고추 1개로 대체 가능
- 냉이 100g
- 모시조개 400g
- 화이트 와인 ½컵
- 물 ½컵
- 파르미자노 레자노 치즈 넉넉히

## ☑ 만들기

1. 마늘 1줌을 러프하게 다지고 베트남 고추인 프릭키누(혹은 홍고추) 2개를 적당한 크기로 썰어주세요.

2. 깨끗이 씻은 냉이 잎은 3~4등분하고 뿌리는 1cm 정도 크기로 썰어주세요.

3. 팬에 올리브 오일을 두르고 다진 마늘을 넣고 볶아 향을 낸 뒤 해감한 모시조개를 넣고, 화이트 와인을 넣어 입을 벌릴 때까지 익혀 조개를 따로 빼놓은 다음 잠시 불을 꺼주세요.

4. 넉넉한 물에 소금을 넣고(1L당 소금 10g 기준) 파스타 면을 넣어 70% 정도만 삶습니다.

5. ③의 팬에 파스타 면과 면수 3국자를 넣은 뒤 물 ½컵과 냉이, 프릭키누, 통후춧가루를 넣고 중강불에 끓여주세요. 이때 간이 부족하다면 소금을 적당량 더 넣어주세요.

6. 면이 모두 익어가면 빼놓았던 조개를 넣고 따뜻하게 데운다는 느낌으로 빠르게 끓여주세요.

7. 그릇에 재료를 옮겨 넣고 통후춧가루와 파르미자노 레자노 치즈를 넉넉히 뿌려 마무리합니다.

1
2
3
4
5
6

✕ 2월의 두 번째 요리

# 아게다시 도후

명절 요리에 다양하게 쓰이는 두부는 큰 사이즈로 여러 개 사기 마련이죠. 요리가 끝나고 애매하게 남은 두부는 전을 부치거나 다 쓰지 못해 처리하느라 애먹었던 경험이 한두 번쯤 있을 거예요. 냉장고에서 미처 처리하지 못한 두부가 '날 잊은 건 아니지?'라며 존재를 알릴 때쯤 잠자고 있던 두부를 활용하기 좋은 요리를 소개합니다. 이 요리를 하기 위해 두부를 따로 구매해도 후회 없을 만큼 맛있고 정갈하고 단정한 메뉴예요.

아게다시 도후(揚げ出し豆腐)는 두부를 바삭하면서도 부드럽게 튀겨내 달콤 짭조름한 간장 베이스의 소스와 함께 먹는 일본 요리예요. 담백하고 깊은 맛이 특징인 아게다시 도후는 갓 튀겨낸 두부에 소스를 함께 먹기 때문에 따듯하게 즐길 수 있어 전채 요리나 밥반찬 혹은 술안주로도 즐겨 먹어요.

튀김이지만 만드는 방법이 생각보다 간단하고, 기름도 적게 들어가는 데다 담백하면서 고소한 맛이 좋아서 제가 종종 해 먹는 메뉴 중 하나예요. 중독성이 은근히 강하거든요. 저는 간을 세게 하지 않아 식사 대신 먹기도 하는데, 깨끗하고 담백한 맛이라 부담이 없더라고요.

손님 초대했을 때 내기도 참 좋은 메뉴예요. 아게다시 도후 타레(소스), 무즙 같은 부재료와 물기를 빼놓은 두부를 준비한 뒤, 손님이 왔을 때 간단하게 튀겨 단정하게 전채 요리로 내면, 크게 어렵지 않으면서도 정성스레 대접하는 느낌을 낼 수 있습니다.

## ☑ 준비

재료

- 두부 1모
- 무 1조각

※ 2~3cm 정도 굵기

- 감자 전분 ½컵
- 쪽파 1줄기
- 베니쇼가(적생강) 약간
- 가쓰오부시 약간
- 식용유 넉넉히

타레

- 가쓰오다시 150ml

※ 물 200ml+가쓰오부시 크게 1줌

- 간장 35ml
- 미림 15ml
- 청주 10ml
- 설탕 10g

## ☑ 만들기

1. 김발 사이에 면보를 깐 뒤 그 사이에 두부를 넣어주세요.

2. 큰 트레이 사이에 만들어둔 ①을 넣은 뒤 물이나 무거운 그릇을 올려 20분 이상 놓아두어 두부의 물기를 빼주세요.

3. 강판에 무를 간 뒤 물기를 꼭 짜내세요.

4. 냄비에 물 200ml와 가쓰오부시 1줌을 끓여 가쓰오 국물을 낸 뒤 미림 15ml와 청주 10ml를 넣어 알코올을 날려주세요. 알코올이 날아가면 간장 35ml와 설탕 10g을 넣어 끓인 뒤 체에 가쓰오부시를 걸러 타레를 완성해주세요.

5. 두부의 물기가 완전히 빠지면 두부를 정방향으로 잘라주세요.

tip. 취향에 따라 크기를 조절해도 돼요.

6. 썰어놓은 두부의 물기를 가볍게 닦아낸 뒤 감자 전분을 전면에 골고루 묻혀주세요.

7. 식용유를 팬에 넉넉히 두른 뒤 온도를 180℃ 정도까지 올리고, 두부를 골고루 튀겨주세요.

8. 튀긴 두부에 만들어놓은 타레, 가쓰오부시 취향껏, 갈아놓은 무와 잘라낸 쪽파, 베니쇼가를 올려 마무리하세요.

✗ 2월의 세 번째 요리

# 바크 초콜릿

'Be My Valentine!' 밸런타인데이는 사랑하는 사람에게 마음을 전하기 좋은 가장 로맨틱하고 달콤한 날이 아닐까 싶어요. 개인적으로 오늘 같은 날은 가장 사랑하지만 늘 가까이 있어 오히려 마음을 전달할 기회가 없는 가족이나 친구들에게 진심을 담아 초콜릿을 선물해도 좋다고 생각해요. 가족과 친구들은 사랑 고백의 사각지대에 놓여 있기 마련이니까요.

사랑하는 사람들에게 마음을 표현하기 좋은 초콜릿 중 하나가 바크 초콜릿이에요. 바크 초콜릿은 표면이 나무껍질(bark)처럼 거칠고 얇은 초콜릿이죠. 겉이 매끈한 판 초콜릿과 달리 다양한 토핑을 올리기 때문에 표면이 나무껍질처럼 거칠고 투박해서 붙은 이름입니다. 이름은 투박하지만 초콜릿 위에 견과류나 건과일, 꽃잎, 과자 등 갖가지 재료를 넣어 근사한 비주얼을 완성하죠. 달콤한 초콜릿에 다양한 맛과 식감이 담겨 있어 보는 재미, 먹는 재미까지 함께 즐길 수 있어요. 이번 레시피에는 접근하기 조금 더 편하도록 컴파운드 초콜릿을 사용해 쉽게 만들 수 있게 준비해봤습니다. 일반적으로 초콜릿에는 커버처 초콜릿과 컴파운드 초콜릿이 있는데 컴파운드 초콜릿이 훨씬 더 편하게 다룰 수 있거든요. 녹였다가 다시 굳혔을 때 형태가 비교적 잘 유지되고 템퍼링* 과정 없이도 광택이 좋은 편이라 실패할 확률이 줄어들어요. 물론 맛이나 부드러움에서 커버처 초콜릿과 차이가 있기야 하지만, 커버처 초콜릿은 쇼콜라티에나 파티시에 같은 전문가가 사용하는 제품이라 템퍼링이 꼭 필요해 조금 더 까다롭습니다. 열심히 만들었는데 실패해 초콜릿을 버렸던 분들은 컴파운드 초콜릿을 사용해 쉽게 만드는 것도 중요한 팁이에요.

## ☑ 준비

재료

- 밀크 컴파운드 초콜릿 200g
- 화이트 컴파운드 초콜릿 200g
- 말차가루 1/2큰술

토핑

- 건조 자몽 & 오렌지 슬라이스 각 1+1/2장
- 건조 딸기 다이스 5g
- 식용 건조 장미 3g
- 피스타치오 1/2줌
- 호두 3개
- 아몬드 5개
- 캐슈넛 5개
- 미니 프레첼 과자 1봉지
- 오레오 1봉지
- 그래놀라 25g

## ☑ 만들기

1. 캐슈넛과 호두는 반으로 갈라 일부는 자르고, 피스타치오는 잘게 다져주세요. 건과일은 각각 2등분과 4등분해주세요.

2. 오레오는 반으로 자르고 일부는 러프하게 부숴주세요.

3. 화이트 초콜릿 200g과 밀크 초콜릿 200g을 계량컵에 각각 넣고 물을 넣은 냄비에 넣어 젓가락으로 저어가며 중강불에 녹여주세요. 물이 끓기 시작하면 불을 끕니다.

tip. 중탕 시 초콜릿에 물이 들어가지 않도록 주의하세요. 물이 들어갈 경우 모두 버리고 다시 만들어야 합니다.

4. 초콜릿 몰드에 중탕한 화이트 초콜릿 100g을 넣고 건과일과 식용 건조 장미, 피스타치오를 뿌려주세요. 이때 몰드에 초콜릿을 2/3 정도로만 넣어야 넘치지 않습니다.

5. 화이트 초콜릿 100g이 남은 계량컵에 말차 1/2큰술을 넣고 골고루 섞은 뒤 몰드에 2/3 채워주세요. 그 위에 잘라놓은 오레오를 올립니다.

6. 밀크 초콜릿 200g을 몰드에 2/3씩 나눠놓은 뒤 그래놀라, 견과류, 건과일, 꽃잎, 과자를 취향에 맞게 넣어주세요.

7. 모든 과정이 끝나면 냉장고에서 10분 이상 굳힌 뒤 몰드에서 떼어내 완성합니다.

※ ④~⑥번 과정 시 초콜릿을 몰드에 짜낸 뒤 바닥에 가볍게 쳐내 골고루 퍼지도록 합니다.
※ ④~⑥번 과정 시 남은 초콜릿이 굳지 않도록 냄비에 계량컵을 넣고, 초콜릿이 굳으려고 하면 냄비를 재가열해 초콜릿을 녹여주세요.

---

템퍼링: 초콜릿에 포함된 카카오 버터의 구조를 안정화하는 과정이에요. 이 과정을 거쳐야 광택과 식감이 좋아지고 초콜릿 속 지방(카카오 버터, 설탕)이 나와 겉면이 하얘지는 블룸 현상을 막을 수 있습니다.

1

2

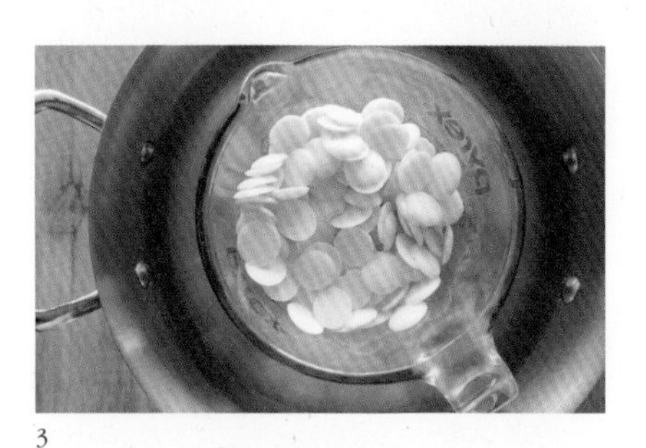

3

4

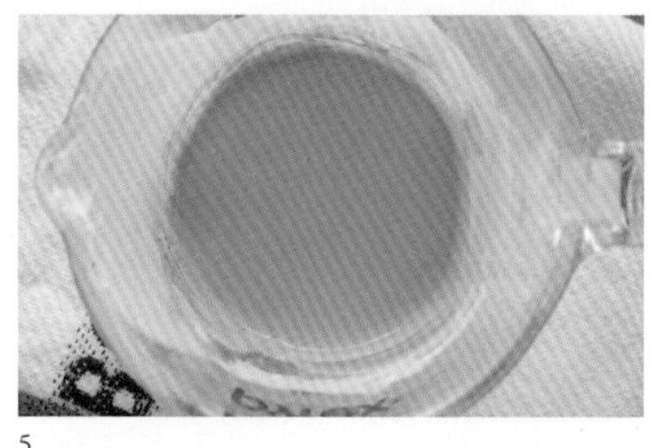

5

6

7

STAUB
STAUB
STAUB

✗ 2월의 네 번째 요리

# 도미 사이쿄야키

사이쿄야키(さいきょうやき, 西京焼き)는 사이쿄미소라고 하는 일본 된장에 재운 뒤 구워 먹는 요리예요.

현재 일본의 수도는 도쿄지만, 도쿄가 수도 역할을 하기 전 일본 역사에서 오랜 기간 수도였던 곳은 서쪽에 위치한 교토(서경)예요. 왕족이나 귀족이 많이 거주했던 교토는 내륙지방에 위치하는데, 당시에는 냉장 기술이 발달하지 않았기 때문에 이동하는 도중 부패되지 않도록 생선을 손질해 사이쿄미소에 절인 후 교토로 운송했다고 해요. 손도 많이 가고 시간도 걸렸기 때문에 옛날에는 귀족이나 승려 같은 높은 신분이나 먹을 수 있는 고급 식품이었다가 무로마치 시대 중기쯤 점차 대중화되었다고 해요. 우리나라의 안동 간고등어와 비슷한 식품이랄까요.

사이쿄미소는 교토와 간사이 지역에서 만드는 백미소를 뜻하는데, 누룩을 많이 사용해 특유의 풍미가 있고 염분이 낮으며 달콤한 맛을 내요. 예전엔 사이쿄미소에 술이나 맛술을 더해 주로 가시를 제거한 생선을 절였지만, 오늘날에는 돼지고기와 닭고기 등 다양한 육류에 이용합니다.

생선이나 고기는 그냥 구워도 맛있는 식재료긴 하지만, 미소에 절여두면 색다른 매력에 자꾸만 손이 가요. 원재료의 기름기는 적당히 빠져 담백하고 깔끔하면서, 미소의 구수한 감칠맛과 달콤 짭조름한 맛이 살에 스며들어 고급스러운 맛이 나거든요. 만드는 방법이 너무 간단한 것도 완전 제 스타일이고요(절이는 시간이 오래 걸릴 뿐). 흰쌀밥에 밥반찬으로 먹어도 좋지만 개인적으로 추천하는 메뉴는 오차즈케와 먹는 거예요. 특히 책에 소개한 레시피 중 타키코미 고항(p.64)을 만든 후 밥 위에 연어 알 대신 사이쿄야키와 버터 한 조각, 쪽파를 얹어 베니쇼가와 함께 먹어도 정말 맛있으니 꼭 한번 먹어보세요!

## ☑ 준비

재료

- 도미 160g
- 식용유 스프레이 적당량
- 베니쇼가 약간

소스

- 백미소 150g
- 미림 30g
- 법주 50g
- 유자청 농축액 2큰술

## ☑ 만들기

1. 계량컵에 백미소 150g, 미림 30g, 법주 50g, 유자청 농축액 2큰술을 잘 섞어주세요.

2. 도미 160g을 먹기 좋은 크기로 잘라주세요.

3. 지퍼 백에 만들어놓은 소스와 도미 필레를 넣은 뒤 냉장고에서 1~4일간 숙성시켜주세요.

tip. 날이 갈수록 더 깊은 맛이 배어납니다.

4. 숙성시킨 도미를 꺼내 흐르는 물에 가볍게 씻어낸 뒤 키친타월로 물기를 닦아주세요.

tip. 소스를 닦아내지 않으면 구울 때 쉽게 타기 때문에 흐르는 물에 겉부분의 소스만 가볍게 씻어내주세요. 이때 오래 씻어 맛이 빠져나가지 않도록 주의합니다.

5. 생선에 식용유 스프레이를 뿌린 뒤 170℃로 예열한 오븐에 15분간 구운 다음 200℃로 온도를 올려 5분간 굽습니다. 중간에 10분 정도 지났을 때 생선을 한번 뒤집어주세요.

tip. 생선의 크기에 따라 굽는 시간에 차이가 있을 수 있습니다. 낮은 온도는 속을 익히는 과정이고 온도가 높아질수록 속을 익히기보다 빠르게 겉부분 색을 내는 과정이니 각자의 생선과 오븐 환경에 따라 조절해주세요.

6. 생선을 꺼낸 뒤 베니쇼가 혹은 갈아낸 무를 곁들이세요. 쌀밥에 쪽파와 버터를 함께 올려 솥밥으로 먹어도 잘 어울리고, 녹차를 우려내 오차즈케로 먹어도 잘 어울립니다.

1

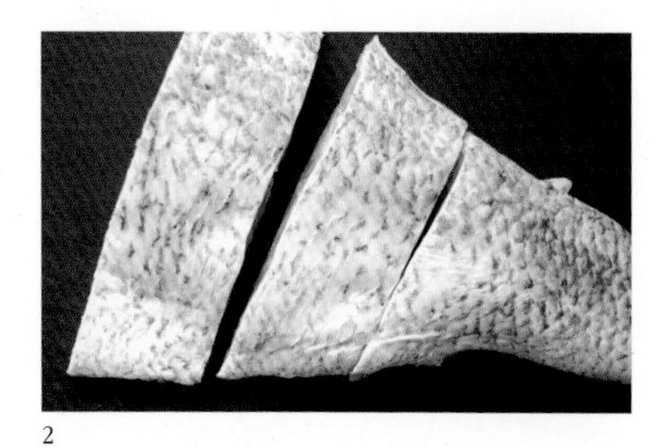

2

3

4

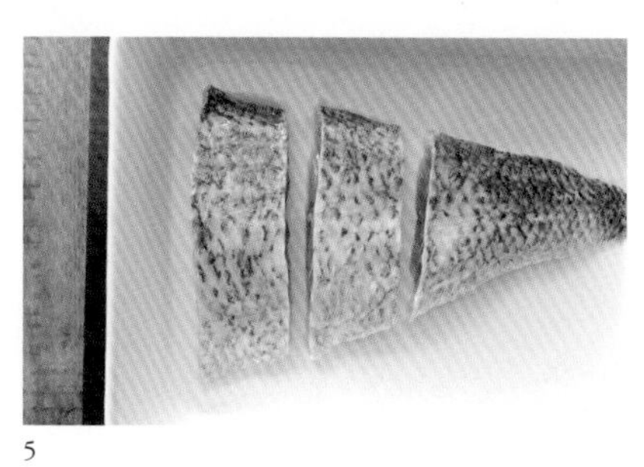

5

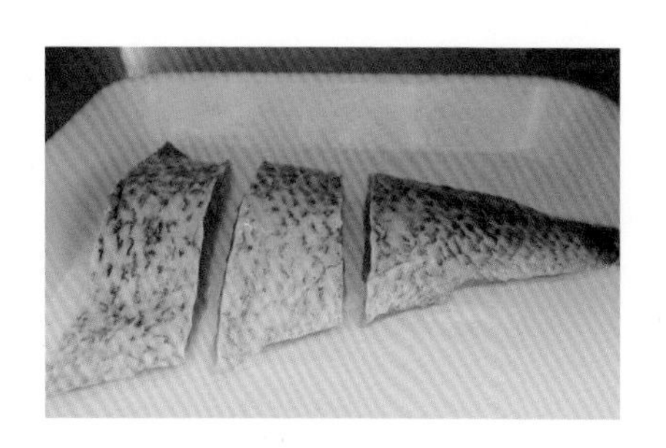

# March

## 백골뱅이, 봄나물

3월은 봄의 문턱에서 향기가 더 짙어지는 시기입니다. 백골뱅이 미나리 파스타의 쫄깃한 식감은 해산물이 품은 겨울의 끝자락을 상기시키는 동시에 봄의 향을 전하죠. 자연은 그렇게 새로움을 선사합니다. 봄나물과 채소를 이용해 텐동을 만들어 봄의 향긋한 신선함을 밥 위에 올리고, 첫 계절을 맞이하는 설렘 가득한 마음과 기운을 담아 제철 해산물로 일본식 영양밥인 타키코미 고항을 지어 속 든든히 먹으면 봄이라는 새로운 계절의 시작에 힘찬 발걸음을 내디딜 수 있을 것 같은 기분이 들어요. 감귤류의 풍미가 담긴 샐러드로 설렘 가득한 봄을 상큼하게 시작해보세요.

of the night sky

✗ 3월의 첫 번째 요리

# 백골뱅이 미나리 파스타

오늘은 좋은 날씨를 핑계 삼아 이른 아침부터 산책을 나갔어요. 날이 따뜻하고 햇볕도 따뜻해서 설레더라고요. 카페 가서 커피라도 마셔야겠다는 마음에 나왔는데 실내에 앉아 커피만 마시기엔 아까운 날씨라 커피를 테이크아웃하고, 평소 멀다는 이유로 잘 가지 않는 마트로 산책 겸 슬슬 걸어갔어요. 진짜 완연한 봄이더라고요. 기분 좋은 공기에 따사로운 햇빛, 왠지 모든 게 완벽할 것만 같은 느낌! 역시 기분 좋은 예감은 틀리지 않았어요. 저는 제철 식재료에 진심인 사람인데, 마트에서 우연히 백골뱅이까지 만났거든요! 항상 인터넷에서 시켜 먹던 식품이기에, 하나 남은 백골뱅이를 얼른 장바구니에 넣어두었습니다.

백골뱅이는 보통 삶거나 탕으로 먹지만 파스타로 만들어 먹으면 그게 또 별미거든요. 담백하면서도 달큰한 감칠맛이 나는 골뱅이와 봄 내음 가득한 미나리가 만나면 깔끔하면서도 이색적인 맛을 내서 너무 좋아요. 쫄깃한 골뱅이의 식감이 중간중간 씹는 맛을 더해주고요. 포크에 말아 먹으면 입에서 봄이 주는 계절감이 완연하게 느껴진달까요? 깔끔하고 산뜻한 느낌이 기분 좋게 다가와요. 설레는 날씨만큼 봄과 잘 어울리는 요리라 이색적인 식사로 추천합니다.

## ☑ 준비

재료

- 생물 골뱅이(살만) 80g
- 샬럿(큰 것) 1개
- 미나리 10줄기
- 파스타 면 75g
- 레몬 1/4조각
- 버터 1조각
- 올리브 오일 약간
- 피시소스 1+1/2큰술
- 화이트 와인 1/2컵
- 파르미자노 레자노 치즈 넉넉히
- 통후춧가루 약간
- 천일염 적당량

## ☑ 만들기

1. 깨끗이 손질한 백골뱅이를 천일염 넣은 물에 삶아주세요(물 1L당 천일염 2큰술).

2. 백골뱅이를 삶은 뒤 한 김 식혀 살만 작은 주사위 모양으로 잘라주세요. 백골뱅이를 식힐 동안 미나리 10줄기의 뿌리 부분은 잘게 썰고, 이파리 부분은 듬성듬성 썰어주세요.

3. 올리브 오일을 한 바퀴 두른 팬에 레몬 1/4조각을 구운 뒤 토치로 마무리하고 따로 빼놓아주세요.

4. 샬럿을 잘게 다진 뒤 오일에 볶아주세요.

5. 샬럿에 색깔이 돌기 시작하면 잘라낸 골뱅이를 넣은 뒤 화이트 와인 1/2컵을 뿌려 알코올을 날려주세요.

6. 파스타 면을 70% 정도 익힌 면과 면수 1~2국자, 버터, 잘게 썬 미나리, 피시소스 1+1/2큰술, 갈아낸 파르미자노 레자노 2큰술을 각자 분량대로 넣은 다음 통후춧가루를 넣어 에멀션* 해주세요.

7. 그릇에 옮겨 파르미자노 레자노 치즈 약간(1g 정도), 통후춧가루, 미나리 잎, 구운 레몬을 올려 마무리하세요.

---

에멀션(만테카레): 유화하는 과정으로 기름과 물같이 서로 잘 섞이지 않는 두 액체를 섞어주는 것을 말해요. 파스타를 에멀션할 때 웍질 하듯 팬을 돌려 면, 수분, 전분, 오일이 따로 놀지 않게 소스를 만들 수 있어요.

1
2
BON APPETIT
3
4
5
6

✗ 3월의 두 번째 요리

# 봄나물 텐동

각각의 특색과 향긋함이 매력적인 봄나물이야말로 한국의 허브가 아닐까 싶어요. 봄나물은 대부분 무쳐 먹기 마련이지만, 저는 다양한 방식으로 봄을 즐깁니다.

봄을 만끽할 수 있는 한 그릇 요리로 매년 제가 즐겨 먹는 봄나물 텐동이 있습니다. 텐동은 덴푸라(天ぷら, 튀김)와 돈부리(どんぶり, 덮밥)를 합한, 간단히 말하면 일본식 튀김덮밥이에요.

깨끗이 튀긴 봄나물에선 계절의 향기가 느껴지는 것 같아요. 산뜻한 색감에 고소하고 향긋한 맛이 나서 입에 넣으면 기분까지 좋아지는 봄나물튀김은 봄의 영양을 오롯이 담은 별미 요리죠. 저는 봄이 되면 꼭 한 번씩 나물을 잔뜩 사서 튀겨 먹어요. 어른이 되어 본격적으로 요리를 해 먹기 시작한 후부터 매년 한두 번씩 봄나물을 튀겨 먹는 것은 저만의 전통 중 하나입니다. 겨우내 꽁꽁 얼었던 땅을 뚫고 나온 푸릇푸릇한 푸성귀들이 아침을 깨우는 알람 소리처럼 봄이 왔음을 알려주는 것 같은 기분이 들거든요.

튀김의 고소한 맛이 배어든 뽀얗게 지은 흰쌀밥은 짭조름한 텐동 타레와 한데 어우러지고, 바삭하게 튀긴 튀김은 기분 좋게 바스러지면서 봄나물 향기가 코끝을 향긋하게 감싸죠. 계절이 느껴지는 한 그릇으로 봄을 즐기는 저만의 방법이랄까요? 튀기는 과정이 번거롭더라도 매년 생각나는 별미입니다.

튀김은 뒤처리가 번거롭다고 생각하는 분들을 위해 작은 팁을 드리자면, 어중간하게 남은 튀김옷은 남은 기름에 반죽물만 따로 튀겨 텐카스(튀김 부스러기)로 만들어 냉동실에 따로 얼려두면 우동을 먹을 때 곁들이기 좋아요. 어느 정도 깨끗한 기름은 따로 병에 담아 보관해두었다가 애벌로 프라이팬을 닦을 때 쓰면 기름 낭비를 최소화할 수 있어요.

☑ 준비

재료

- 쌀밥 1공기
- 식용유 적당량
- 덧가루용 밀가루 1/3컵

반죽

- 달걀노른자 2개 분량
- 박력분 1컵
- 차가운 탄산수 1컵
- 감자 전분 3큰술
- 소금 약간

튀김 재료

- 깻잎 1단
- 미나리 1/2줌
- 냉이 1줌
- 두릅 1팩
- 단호박 1/4통
- 마키용김 4장
- 느타리버섯 1줌

※ 그 외에 원하는 재료를 취향에 맞춰 가감한다.

텐동소스

- 청주 150ml
- 간장 90ml
- 다시마 우린 물 100ml
- 미림 50ml
- 생강 2조각
- 흑설탕 2큰술
- 가쓰오부시 크게 1줌

☑ 만들기

1. 채소는 깨끗이 씻고, 단호박은 속을 파내 준비해주세요. 너무 큰 채소는 먹기 좋게 잘라주세요.

2. 채소에 밀가루 1/3컵을 골고루 뿌려 덧가루용 밀가루를 골고루 입혀주세요.

3. 달걀노른자에 차가운 탄산수 1컵을 넣고 잘 섞어 거품을 내준 뒤 체로 내린 박력분 1컵과 감자전분 3큰술, 소금 약간을 넣고 설렁설렁 섞어주세요. 너무 골고루 섞으면 글루텐이 형성되니 밀가루 덩어리가 조금 있는 상태에서 반죽물을 완성합니다.

4. 냄비에 식용유를 넉넉히 붓고 ③에서 만든 튀김 반죽을 떨어뜨렸을 때 잠시 가라앉았다가 떠오르는지 확인한 뒤(170~180℃) 튀김 재료에 반죽을 묻혀 튀겨주세요.

tip. 이때 기름 위에 떠오르는 덴카스를 버리지 말고 모아 우동에 넣으면 좋습니다.

5. 냄비에 청주 150ml와 미림 50ml를 넣은 뒤 알코올을 날려주세요.

6. 알코올이 날아가면 다시마 우린 물 100ml, 간장 90ml, 흑설탕 2큰술, 생강 2조각, 가쓰오부시 크게 1줌 넣어 한소끔 끓어오르면 불을 끄고 식혀둔 뒤 체에 걸러주세요.

tip. 다시마 우린 물 : 다시마 겉면에 붙은 하얀색 염분을 마른행주 혹은 키친타월로 닦아낸 뒤, 물 1L에 다시마 20g을 넣고 중간 불에서 끓여주세요. 물에 기포가 올라오면 아주 약한 불로 줄여 8분간 끓인 뒤 불을 끈 채로 다시마와 함께 하루 밤 동안 두었다가 다음 날 다시마를 건져주세요.

7. 그릇에 밥을 넣고 ⑥에서 만든 텐동소스를 살짝 뿌린 뒤 튀김을 올려주세요. ⑥에서 만든 소스를 튀김과 함께 곁들여 찍어 먹을 수 있도록 종지에 담아 함께 냅니다.

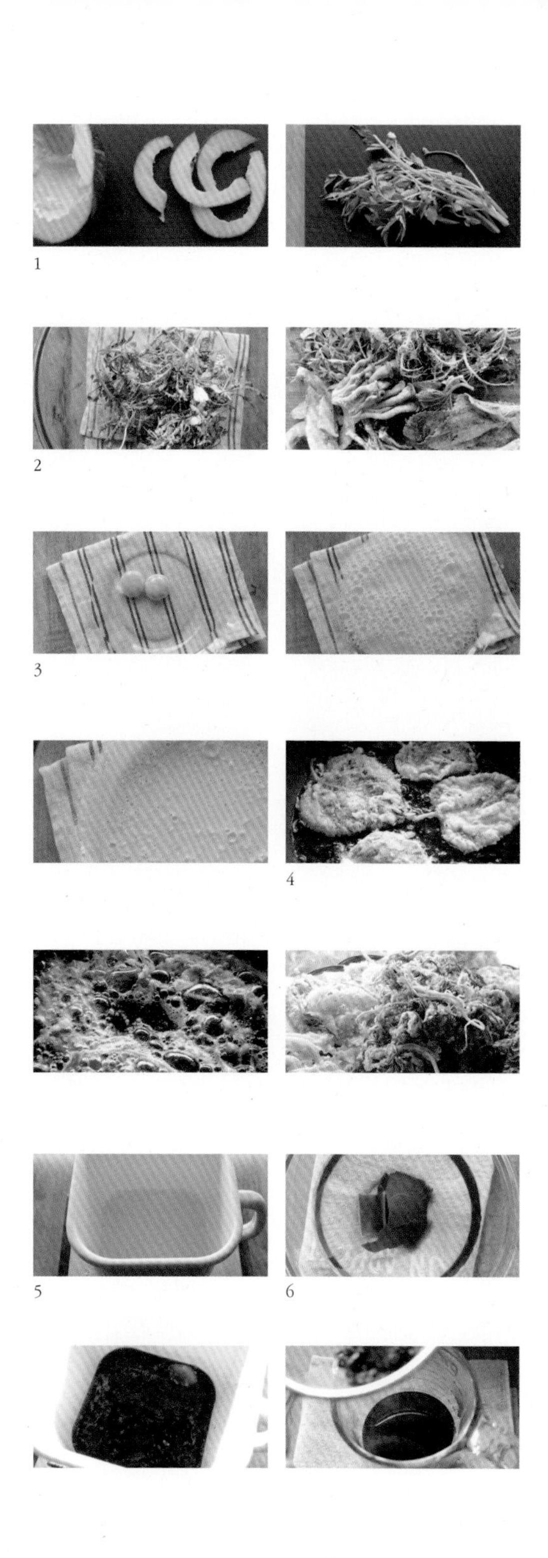
1
2
3
4
5
6

✗ 3월의 세 번째 요리

# 연어 알을 곁들인 타키코미 고항

타키코미 고항(炊き込みご飯)은 타키코미(무언가를 넣어 밥을 짓는 것)와 고항(밥)이 합쳐진 말로 밥을 지을 때 고기, 생선, 채소 등 원하는 재료를 넣고 다시마 우린 물과 간장으로 양념해 밥을 짓는 요리입니다. 일본식 영양 솥밥인 타키코미 고항은 밥 하나로도 영양을 골고루 섭취할 수 있어 종종 해 먹는 맛있는 일품요리예요. 따로 정해진 재료가 없기 때문에 남은 채소나 버섯 등을 활용해 만들어도 훌륭한 맛이 나는데 저는 늘 시오콘부(소금에 절인 일본식 다시마)를 넣어 밥에 감칠맛 나게 간을 해요.

시오콘부와 마트에서 판매하는 염장 다시마가 비슷하다고 생각할 수 있는데, 염장 다시마로는 대체할 수 없어요. 시오콘부는 기본적으로 감칠맛이 나는 감미료를 넣어 그 자체가 식재료가 되는 동시에 양념이 되는 반면, 한국의 염장 다시마는 보존을 위해 소금에 버무려놓는 것이기 때문에 소금기를 완전히 제거해야 하는 조금 다른 개념의 재료이기 때문이에요.

저는 밥에 바지락 살과 표고버섯, 시오콘부를 넣어 솥밥을 지은 뒤 위에 연어 알(이쿠라)과 쪽파를 함께 올려 먹었는데, 연어 알을 올리지 않아도 충분히 맛있어 간편한 요리가 당길 때 추천하는 메뉴예요. 다시마의 감칠맛과 조갯살의 풍미, 표고버섯의 향이 한데 어우러져 이루는 하모니가 정말 폭발적입니다. 생선을 구워 버터를 넣고 쪽파와 함께 뜸 들여 같이 섞어 먹어도 너무 맛있으니 꼭 한번 시도해보시길(2월에 소개해드린 도미 사이쿄야키와도 아주 잘 어울려요)!

## ☑ 준비

재료

- 쌀 1컵
- 시오콘부 15g
- 연어 알 2~3큰술
- 바지락 살 60g
- 표고버섯 1개
- 참기름 1큰술
- 쪽파 3줄기
- 물 1+½컵

## ☑ 만들기

1. 쌀 1컵을 씻어 물기를 뺀 뒤 체에 밭쳐 30분 이상 불려주세요.
tip. 불려두지 않으면 쌀이 설익어요.

2. 불려놓은 쌀에 시오콘부 15g을 넣은 뒤 참기름 1큰술과 물을 ½컵 정도 넣어 볶아주세요.

3. 쌀이 어느 정도 볶아지면 쌀과 동량의 물을 부은 뒤 바지락 살 60g, 잘게 채 썬 표고버섯 1개를 넣은 뒤 강한 불로 끓여주세요.

4. 밥이 끓기 시작하면 숟가락을 이용해 쌀을 한번 섞은 뒤 5분간 끓이고, 가장 약한 불(불이 있는 둥 없는 둥)에서 10분간 더 끓인 뒤 불을 끄고 뜸을 들여주세요.

5. 밥이 완성되면 골고루 섞어 쪽파, 연어 알을 올리세요. 베니쇼가(적생강)와 함께 먹으면 잘 어울려요.

1 2 3
4 5

Microplane

✻ 3월의 네 번째 요리

# 한라봉 시트러스 샐러드

겨울방학이 끝나고 개학하면 손이 노래져서 온 친구들이 반에 한두 명씩 있곤 했는데, 그 사람이 바로 저예요! 어릴 때 귤이나 오렌지같이 상큼한 과일을 좋아했거든요. 귤 한 박스를 사두면 기본 3~4일, 오래가면 일주일이면 다 먹을 정도로 과일을 좋아해서 저희 집 베란다에 귤은 항상 떨어지지 않게 구비해놓았어요.

감귤류 과일은 신기할 정도로 가리지 않고 모두 잘 먹었지만, 특히 한라봉, 천혜향, 레드향같이 조금 더 크고 달콤한 친구들을 좋아했습니다. 마트에 가면 "나 큰 귤 사줘!"라고 외치며 카트에 담던 기억이 나요. 왜 그런지 모르겠지만 어른이 되어서는 간식이나 디저트 개념으로 먹기보다 식사나 가벼운 와인 안주로 자주 먹고 있습니다. 시트러스 계열 과일과 쌉싸래한 샐러드 채소, 고소한 치즈, 신선한 햇올리브 오일, 허브의 조합이 아주 좋거든요.

가벼운 느낌의 음식에 산미가 기분 좋게 올라와 식사 전 입맛을 끌어올리기에도 좋고, 화이트나 스파클링 와인 안주로 먹어도 좋아요. 만드는 방법은 간단하지만 시트러스류 과일을 잘라 켜켜이 쌓아 서빙하면 비주얼도, 맛도 제법 그럴싸합니다.

CONSOMMATIONS
DE
PREMIER

## ☑ 준비

재료

- 자몽 1개
- 한라봉 2개

※ 자몽과 한라봉의 비율은 취향껏 조절

- 페퍼민트 3g
- 샬럿(큰 것) ½개
- 석류 알 10g
- 루콜라 1팩
- 파르미자노 레자노 치즈 넉넉히
- 통후춧가루 약간

소스

- 레몬즙 4큰술
- 올리브 오일 5큰술
- 메이플 시럽 5큰술
- 훈제 소금 약간

※ 일반 소금으로 대체 가능

## ☑ 만들기

1. 레몬을 반으로 자른 뒤 즙을 짜내세요.

2. 레몬즙 4큰술, 올리브 오일 5큰술, 메이플 시럽 5큰술, 훈제 소금 약간을 넣고 잘 섞어주세요.

3. 샬럿 ½개를 잘게 채 썰어주세요.

4. 자몽과 한라봉을 1cm 크기로 썬 뒤 루콜라, 썰어둔 샬럿의 ⅓ 분량과 함께 켜켜이 쌓아 올리세요.

5. 페퍼민트, 석류 알, 남은 샬럿을 골고루 뿌린 뒤 파르미자노 레자노 치즈를 넉넉히 뿌린 다음 통후춧가루를 약간 뿌려주세요. 만들어둔 소스를 다시 한번 골고루 섞어 먹기 전에 뿌립니다.

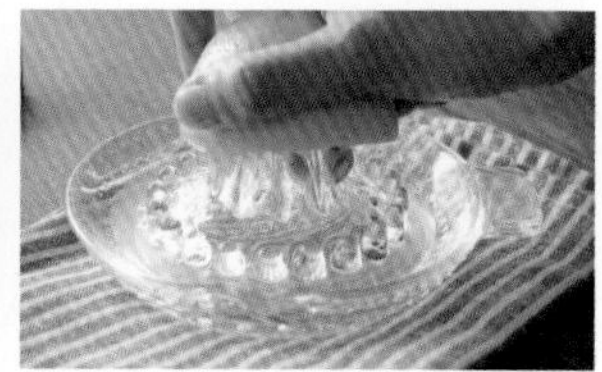

1

2

3

# April

### 소라, 마늘, 주꾸미, 가지

봄이 절정에 이르는 4월의 소라와 주꾸미는 봄의 달큰함을 담고 있는 것 같아요. 부드럽고 쫄깃한 살을 맛보면 입안에 퍼지는 신선함에서 생명력이 느껴지는 듯한 기분이 들거든요. 달큰하고 탱글한 주꾸미와 소라로 리가토니 파스타와 에스카르고를 만들고, 이 시기 특유의 매콤하면서도 달콤한 맛으로 요리에 깊은 맛을 더해주는 마늘로 스프레드를 만들어 스뫼레브뢰를 만들었어요. 보랏빛 색감과 부드러운 식감이 특징인 가지는 튀긴 후 층층이 쌓아 이탤리언 가지 요리인 파르미자나 디 멜란자네를 만들었습니다.

✗ 4월의 첫 번째 요리

# 뿔소라 에스카르고

식용 달팽이로 만든 에스카르고(escargot)는 프랑스를 대표하는 요리 중 하나예요. 프랑스의 달팽이 요리가 세계적으로 유명세를 탄 것은 19세기 초 셰프 마리앙투안 카렘이 마늘과 허브를 넣은 버터를 곁들인 부르고뉴풍 달팽이 요리를 선보이면서부터입니다. 가장 잘 알려진 부르고뉴식 달팽이 요리 '에스카르고 아 라 부르귀뇽(escargots à la Bourguignonne)'은 달팽이 껍질에 살을 채워 넣고 마늘과 파슬리를 넣어 만든 버터소스를 듬뿍 발라 오븐에 구워 완성한 요리예요. 에스카르고를 처음 접한 건 대여섯 살 무렵으로 거슬러 올라갑니다. 저희 가족은 워낙 대식가가 많아 모임을 하면 항상 뷔페에서 만나곤 했어요. "이건 맛있는데 이건 좀 별로네" 하며 어른들께서 서로 맛있는 음식을 추천하시다가 저에게도 "채원아, 이거 좋은 음식이다. 한번 먹어봐!"라며 에스카르고를 권하셨어요. 지금 생각해보면 잘 못 먹고 쩔쩔맬 제 모습을 상상하며 장난 반 진담 반으로 권하셨을 것 같은데, 그 당시 제법 맛있게 먹은 저는 대여섯 살 때부터 에스카르고를 먹을 수 있는 사람이 되었습니다.

저는 달팽이가 골뱅이 친구처럼 느껴지는데(조금 더 부드럽지만 식감도 꽤 비슷하다고 생각합니다), 그래서인지 최근 달팽이 요리인 에스카르고를 한국식으로 재해석한 요리가 눈에 띄는 것 같아요.

쫄깃하면서도 탱글한 식감 때문에 한국인이 즐겨 먹는 메뉴인 소라는 숙회나 초무침으로 많이 먹지만 에스카르고로 만들어 먹으면 훌륭한 전채 요리가 됩니다. 버터, 다진 마늘, 파슬리, 후춧가루를 넣어 맛과 풍미를 끌어올리죠. 소라로 조리해 달팽이 요리에 거부감을 느끼는 분들도 부담 없이 먹을 수 있고 모양새도 좋아 손님 초대 요리로도 훌륭해요. 빵과 함께 곁들여 별미처럼 먹기 좋습니다.

## ☑ 준비

재료

- 뿔소라 1kg
- 마늘 12톨
- 화이트 와인 1컵
- 버터 100g
- 통후춧가루 약간
- 이탤리언 파슬리 15g
- 소금 약간
- 굵은소금 약간
- 핑크 페퍼콘 약간

※ 생략 가능

- 타임 약간

※ 생략 가능

## ☑ 만들기

1. 물을 끓여 화이트 와인 1컵, 마늘 3톨, 깨끗이 손질한 뿔소라를 넣어 10분간 끓여주세요.

2. 실온에 녹인 버터 100g, 적당한 크기로 썬 파슬리, 마늘 9톨, 소금 약간, 통후춧가루 약간을 넣어 핸드 블렌더로 갈아주세요.

3. 소라가 다 익으면 한 김 식힌 뒤 포크로 찔러 돌려가며 살을 뺀 뒤 초록색 내장과 옆에 붙은 치맛살을 뜯어내세요.

tip. 소라의 독을 제거하는 과정입니다. 일반적으로 뿔소라는 입을 제거해야 하지만, 삶아 먹을 경우 제거하지 않아도 됩니다. 또 소라를 다듬을 때 껍질과 살을 짝 맞춰두어야 다시 소라를 넣을 때 어려움 없이 넣을 수 있으니 주의하세요.

4. 빈 소라 껍데기에 ②의 파슬리버터 약간, ③에서 손질한 소라 살, ②의 파슬리버터 순으로 채워주세요.

5. 트레이에 굵은소금을 넣어 소라가 흔들리지 않도록 고정한 뒤 타임을 올리세요.

6. 180℃로 예열한 오븐에 20분간 구운 뒤 200℃에서 10분간 더 구워 꺼내면 완성입니다. 취향에 따라 핑크 페퍼콘을 같이 올려 냅니다.

1

2

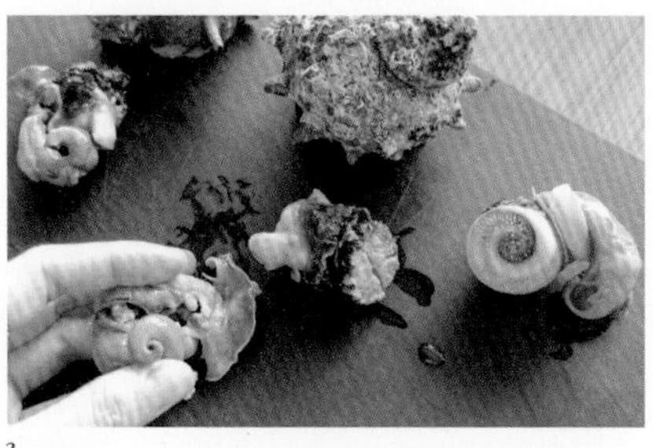

3

4

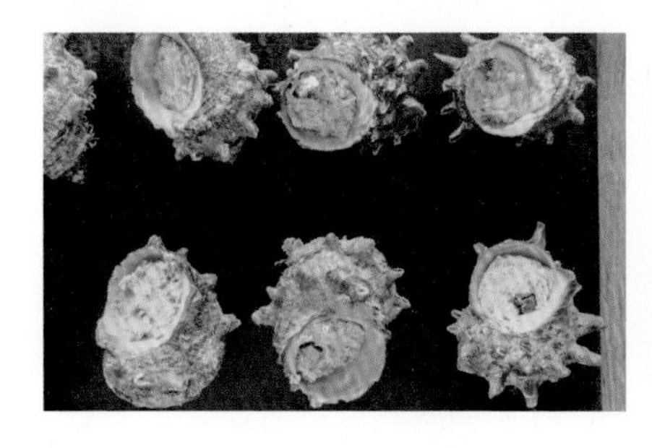

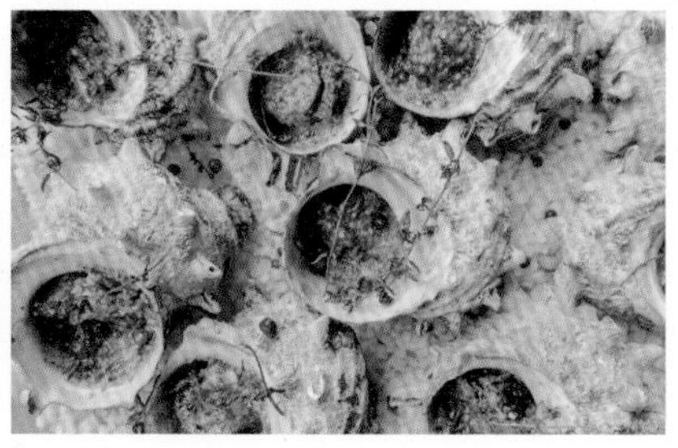

5

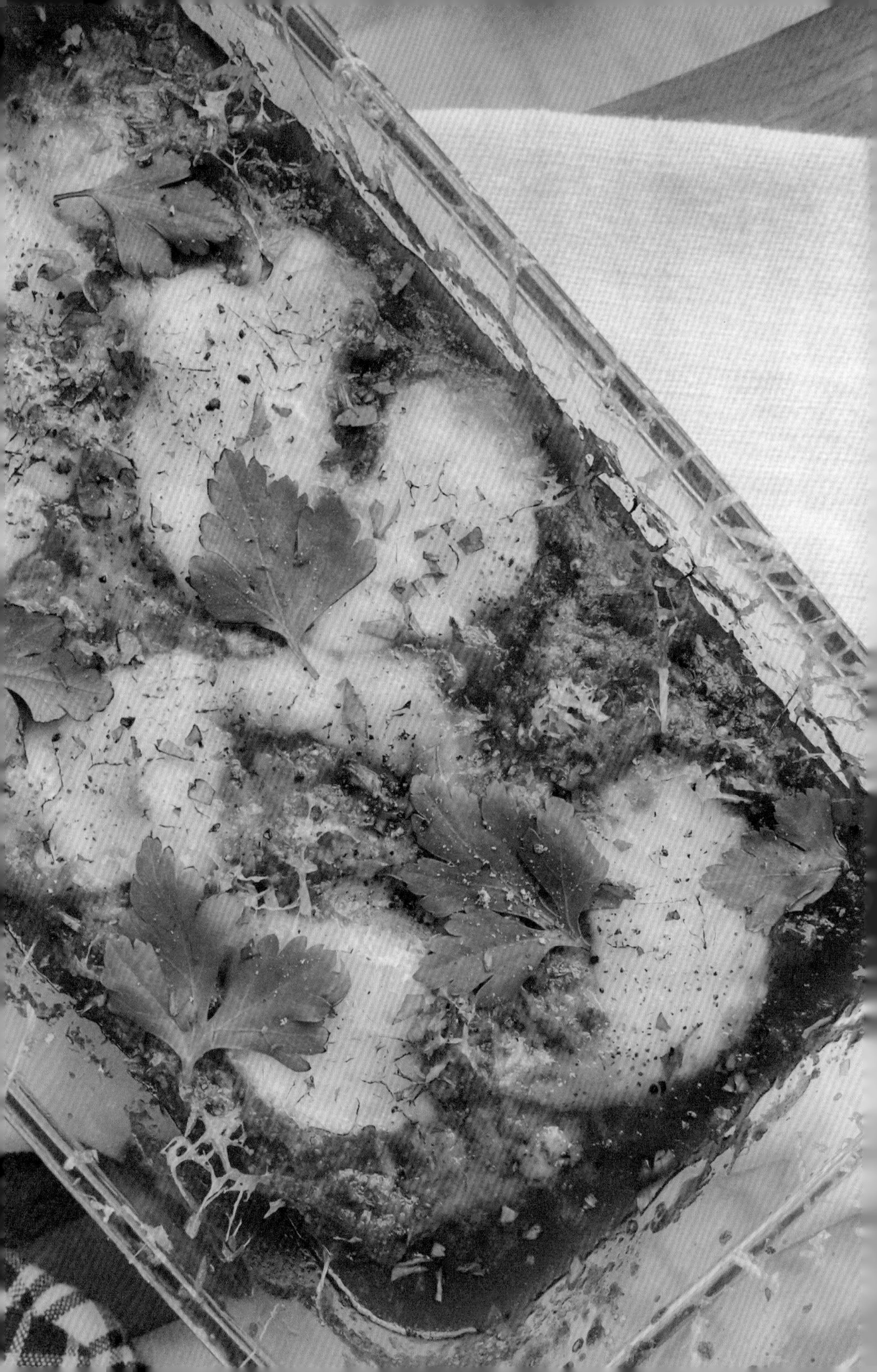

✗ 4월의 두 번째 요리

# 파르미자나 디 멜란자네

한국에서 '가지 그라탱' 혹은 '가지 라자냐'로 불리는 파르미자나 디 멜란자네는 이탈리아에서 대중적으로 먹는 요리 중 하나입니다. 파르미자노 레자노 치즈를 뜻하는 파르미자나(parmigiana)와 가지를 뜻하는 멜란자네(melanzane)라는 이름에서 알 수 있듯, 파르미자노 레자노 치즈와 튀긴 가지, 토마토소스와 모차렐라 치즈를 사용한 가지 요리예요. 라자냐와 만드는 방식은 비슷한데, 면 대신 튀긴 가지를 넣는 게 특징이죠.

켜켜이 쌓인 상큼한 토마토소스와 쫄깃한 모차렐라 치즈, 향긋한 바질과 한번 튀겨내 더 고소한 가지를 한입 가득 넣으면 입안이 풍성해진 느낌이 듭니다. 부드러우면서도 본연의 달달한 감칠맛이 배가되기 때문에 여러 풍미가 더해져 가지를 즐겨 먹지 않는 분들도 좋아할 맛이에요. 오븐 용기에서 한 조각 푹 떠서 구운 바게트에 올리면 정말 잘 어울려서 입이 쉴 새 없이 움직이거든요.

튀기는 데 조금 손이 가지만 재료를 담아 오븐에 구워내면 오븐이 알아서 해주는 요리라 마냥 번거롭지만은 않아요. 칼로리가 부담되는 분들은 가지를 튀기는 대신 가볍게 구우면 조금 더 라이트하게 먹을 수 있어요. 한번 기름에 튀겨낸 것보다 고소함은 줄어들지만 그만큼 마일드해지죠. 한창 저탄고지 레시피가 유행하던 시기에 종종 만들어 먹었습니다.

집에 만들어놓은 라구소스가 있다면 토마토퓌레를 섞은 다음 레시피에 활용하는 것도 좋은 팁이에요.

## ☑ 준비

재료

- 가지 3개
- 소금 약간
- 달걀 3개
- 밀가루 1컵
- 프레시 모차렐라 치즈 226g
※ 취향에 따라 가감
- 파르미자노 레자노 치즈 적당량
- 통후춧가루 약간
- 이탤리언 파슬리 약간
- 식용유 적당량

소스

- 양파 1개
- 시판용 토마토소스 1병
- 마늘 3톨
- 페페론치노 2개
- 바질 10g

## ☑ 만들기

1. 가지 3개를 1cm 크기로 자른 뒤 소금을 뿌린 다음 20분 정도 놓아두어 수분이 빠져나오도록 합니다.

2. 양파 1개를 작은 큐브 형태로 다져주세요.

3. 마늘 3톨과 페페론치노 2개를 기름에 구워 향을 낸 뒤 건져내고, 다진 양파를 넣어 투명해질 때까지 볶아주세요. 모두 익으면 토마토소스 1병 분량과 바질 10g을 넣고 끓입니다.

4. 소금을 뿌려둔 가지에서 물기가 빠져나오면 키친타월로 제거해주세요.

5. 물기를 뺀 가지에 밀가루를 입힌 뒤 달걀물을 입혀 기름에 튀깁니다.

6. 오븐용 트레이에 튀긴 가지, ③의 소스, 모차렐라, 파르미자노 순으로 켜켜이 쌓아주세요.

tip. 파르미자노는 약간 남겨주세요.

7. 180℃ 오븐에서 30분간 구운 뒤 통후춧가루와 남은 파르미자노, 이탤리언 파슬리를 뿌려 마무리하세요.

1
2
3
4
5
6
7

✗ 4월의 세 번째 요리

# 덴마크식 오픈 샌드위치, 스뫼레브뢰

"You are the butter to my bread, the breath to my life." 영화 〈줄리 & 줄리아〉에 나오는, 제가 좋아하는 대사 중 일부분이에요. "당신은 내 빵의 버터이자, 내 삶의 숨결이야"라니, 얼마나 따스하고 로맨틱한 말인지 모르겠어요! 이 대사를 생각하면 소개해드릴 요리 스뫼레브뢰가 떠오릅니다.

스뫼레브뢰(smørrebrød)는 버터를 뜻하는 덴마크어 '스뫼르(smør)'에 빵을 뜻하는 '브뢰(brød)'가 합쳐진 이름으로 '버터를 바른 빵'이라는 의미예요. 스뫼레브뢰는 중세 유럽에서 '트렌처(trencher)'라 부르는 거칠고 두꺼운 빵 조각에서 비롯되었다고 해요. 중세에는 지금처럼 도자 접시가 널리 퍼지지 않고 귀했기 때문에 농부들은 딱딱한 빵 조각을 접시로 활용해 그 위에 음식을 올려 먹었다고 알려져 있습니다. 그 후 도시화가 진행되며 점차 음식의 일부로 흡수되어 스뫼레브뢰는 농부의 일터가 아닌 각 가정에서 만드는 음식이 되었고, 19세기에 이르러 덴마크 음식 문화의 일부로 자리 잡게 되었다고 해요.

저는 메뉴를 정하기 어렵거나 딱히 특별한 요리가 생각나지 않을 때 스뫼레브레를 종종 만들어 먹는데, 빵은 그때그때 형편에 따라 다르지만 가급적이면 라이 브레드(Rye Bread)를 먹도록 노력하고 있어요. 라이 브레드는 독일식 통곡물 빵으로 처음엔 거칠게 씹히는 곡물과 시큼한 향에 살짝 거부감이 느껴졌는데, 한두 번 먹고 나니 담백함과 고소함이 매력적으로 다가오더라고요. 얇게 썬 라이 브레드에 버터를 넉넉히 바른 뒤 얇게 저민 고기, 생선, 채소 등 원하는 재료를 넣어 단순한 조합이 주는 맛있는 변주를 느낄 수 있어요. 한입 가득 넣으면 브런치 카페에 온 기분이 드는 메뉴랄까요?

☑ 준비

재료

- 얇게 슬라이스한 라이 브레드 2조각
- 실온에 놓아둔 버터 1조각
- 샬럿 1개
- 방울토마토 4개
- 훈제 연어 140g
- 케이퍼 16개
- 반숙란 3개
- 레몬 슬라이스 2장
- 통후춧가루 약간
- 핑크 페퍼콘 약간

소스

- 꾸덕한 그릭 요거트 크게 3큰술
- 올리브 오일 3큰술
- 꿀 2큰술
- 소금 약간
- 레몬즙 1큰술
- 딜 1줄기
- 마늘 1톨
- 디종 머스터드 1/2작은술

☑ 만들기

1. 분량의 소스 재료를 볼에 넣은 뒤 잘 섞어주세요. 이때 딜과 마늘은 다져서 넣습니다.

tip. 토핑용으로 사용할 딜은 다지기 전에 잎사귀 부분 2줄기 정도 분량을 빼놓아주세요.

2. 샬럿 1개를 반으로 자른 뒤 잘게 채 썰고, 방울토마토와 반숙란은 세로로 4등분하세요.

3. 라이 브레드에 실온에 둔 버터를 넉넉히 발라주세요.

tip. 취향에 따라 빵을 구운 뒤 버터를 발라도 좋습니다. 라이 브레드는 구워내면 조금 질겨지고 딱딱해지는 느낌이라 저는 따로 굽지 않고 바로 먹어요.

4. 훈제 연어, 반숙란, 샬럿, 방울토마토를 빵 위에 골고루 얹은 뒤 분량의 재료로 만들어놓은 소스와 케이퍼, ①에서 빼놓은 딜을 중간중간 얹고 통후춧가루와 핑크 페퍼 콘을 올려주세요.

5. 레몬을 슬라이스한 뒤 중간 부분까지만 칼집을 내주세요.

6. 빵 위에 레몬 슬라이스를 말아 올려 완성해주세요.

1
2
3
4
5
6

✗ 4월의 네 번째 요리

# 주꾸미 리가토니

자주 해 먹는 요리 중 하나는 파스타예요. 저에게는 볶음밥 같은 개념으로 제철 식재료나 그때그때 냉장고에 있는 재료로 취향껏 만들어 먹곤 하는데, 매년 봄 주꾸미 철이 시작되면 일부러 사 와서 꼭 만들어요.

주꾸미 파스타를 할 때 빼놓지 않고 하는 건 토치로 불 맛을 내는 것과 마늘빵가루를 넉넉히 만들어 뿌려 먹는 거예요. 주꾸미 파스타는 그냥 먹어도 맛있지만, 토치로 불 맛을 내는 데서 맛의 깊이가 달라지거든요. 집에 토치가 있다면 꼭 마지막에 토치로 불 맛을 내보세요. 깜짝 놀랄 만큼 맛에 레이어가 쌓입니다. 토치는 요리할 때 자주 쓰는 도구라 하나쯤 구비해두면 좋아요.

주꾸미 삶은 물에 파스타를 삶고 함께 볶아내기 때문에 탱글한 식감과 달큰한 감칠맛이 면까지 골고루 배어들어 풍미가 상당해요. 부드러운 면발과 주꾸미의 쫄깃함, 마늘 빵가루의 바스락함이 한데 어우러져 다양한 식감을 내서 먹는 내내 즐거움이 가득합니다.

페페론치노 양을 조절하면 온 가족이 즐기기도 좋고, 특히 와인과 마리아주가 좋아서 한입 먹으면 자연스럽게 화이트 와인이 생각날 거예요.

## ☑ 준비

재료

- 주꾸미(작은 것) 5~6마리
- 리가토니 85g
- 마늘 1줌
- 베트남 고추 3개
- 피시소스 1+½큰술
- 선드라이 토마토 1줌
- 파르미자노 레자노 치즈 5g
- 레몬 슬라이스 1+½개
- 버터 1조각
- 이탤리언 파슬리 2줄기
- 통후춧가루 약간
- 핑크 페퍼콘 약간
- 올리브 오일 약간
- 레몬 제스트 약간
- 식용유 약간

마늘빵가루

- 다진 마늘 2큰술
- 빵가루 2줌
- 버터 1조각

## ☑ 만들기

1. 주꾸미 5~6개를 끓는 물에 아주 살짝 데친 뒤 건져주세요(나중에 팬에 다시 볶을 거라 너무 푹 익으면 질겨져요). 그런 다음 주꾸미 삶은 물에 리가토니를 넣어 삶아주세요.

2. 팬에 식용유 약간을 두른 뒤 다진 마늘 2큰술, 버터 1조각, 빵가루 2줌을 넣고, 약한 불에 천천히 노릇해질 때까지 볶아주세요.

3. 마늘 1줌을 편으로 썰어 올리브 오일을 한 바퀴 두른 팬에 볶아 마늘 기름을 낸 뒤 리가토니 85g과 데친 주꾸미, 선드라이 토마토 1줌, 베트남 고추, 주꾸미 삶은 면수 1국자와 통후춧가루를 잔뜩 뿌리고 피시소스 1+½큰술과 파르미자노 레자노를 갈아 섞어주세요.
tip. 이 때 토핑으로 올릴 파르미자노 레자노를 약간만 빼놓습니다.

4. 소스가 배어들면 버터 1조각과 다진 이탤리언 파슬리 1줄기를 넣고 레몬 슬라이스 ½개를 8등분해 넣어 빠르게 볶아주세요.

5. 그릇에 옮겨 담고 레몬 슬라이스 1개를 올려 토치로 불 맛을 입힌 뒤 ②의 마늘빵가루, 통후춧가루, 남은 파르미자노 레자노, 다진 이탤리언 파슬리 1줄기, 레몬 제스트와 핑크 페퍼콘을 올려 마무리하세요.

1

2

3

4

5

Enjoy
your
meal

# May

## 당근, 게, 가정의 달

요리를 해준다는 건 상대방을 위해 재료를 선택하는 순간부터 그 재료가 하나의 요리로 완성되기까지 모든 단계에 정성과 사랑이 담겨 있기에, 감정과 마음을 전달하는 진솔한 수단 중 하나라고 생각해요. 가족과 다 같이 먹을 푸짐한 코코뱅과 푸타네스카, 달큰한 흙 향이 나는 당근으로 만든 고소한 당근 퓌레와 관자구이, 버터 갈릭으로 볶아낸 게 다리로 푸짐하고 따듯하게 5월의 식탁을 채워보았습니다. 가족과 함께 대화하며 맛있게 먹는 시간은 단순한 식사가 아닌, 사랑을 담은 마음이 전달되는 순간인 것 같아요.

✗ 5월의 첫 번째 요리

# 당근 퓌레를 곁들인 관자구이

좋은 재료가 주는 맛의 힘이 크기 때문에 제 요리의 기본 모토는 '품질 좋고 신선한 재료로 요리하자'예요.

봄이 찾아오면 주위가 생명력으로 가득 차기 시작해요. 그중 봄날의 당근은 주황빛과 진한 흙냄새, 향긋한 향이 깊고 온화한 햇살과 특히 잘 어울려 여러 요리로 두루두루 만들어 먹는데, 맛있게 먹는 방법 중 하나는 퓌레로 만드는 것입니다.

이번에 소개해드리는 요리는 당근의 풋풋함이 담긴 부드러운 퓌레, 탱글하고 감칠맛 나는 관자를 산미가 적당한 소스인 뵈르 블랑과 함께 먹는 요리로, 가볍고 경쾌한 맛이 나 봄에 종종 만들어 먹는 와인 안주 중 하나예요. 세 가지 재료의 조합도 좋지만, 사실 접시 위에 올려놓았을 때 화려한 색상이 주는 느낌이 정말 좋아요. 담음새가 보기 좋으면서 맛도 좋아 손님이 왔을 때 자주 내지만, 특히 제가 스스로를 대접해주고 싶을 때 종종 선물하는 요리입니다. 그럴 때는 괜히 와인도 한잔 곁들이고요.

특히 당근 퓌레는 제가 독보적으로 좋아하는 퓌레 중 하나예요. 따뜻한 요리와 함께 먹어도 맛있지만, 넉넉하게 만들어 남은 퓌레를 냉장고에 넣으면 살짝 꾸덕해져 스프레드로도 즐길 수 있죠. 바삭하게 구운 식빵에 퓌레를 넉넉히 발라 딜을 올려 먹으면 그게 그렇게 별미거든요. 당근과 딜의 향을 즐기는 분들이라면 퓌레를 따로 덜어놓은 뒤 빵에 발라 먹는 것을 추천합니다.

## ☑ 준비

재료

- 관자 9조각
- 소금 약간
- 통후춧가루 약간
- 올리브 오일 약간
- 석류 알 1큰술
- 레몬 제스트 약간
- 이탤리언 파슬리 1줄기
- 핑크 페퍼콘 약간
- 타임 1g

당근 퓌레

- 당근 100g
- 우유 300ml
- 생크림 20ml
- 소금 약간
- 버터 1조각

뵈르 블랑

- 화이트 와인 100ml
- 화이트 와인 비니거 10ml
- 샬럿 1개
- 차가운 버터 80g
- 소금 약간
- 타임 1g
- 통후춧가루 약간

## ☑ 만들기

1. 당근 100g을 잘게 자른 뒤 버터 1조각을 넣고 약한 불에서 천천히 볶으며 소금 약간을 넣으세요. 약한 불에서 색이 나기 전까지 볶습니다.

2. ①의 당근이 어느 정도 익으면 우유 300ml를 붓고 뭉근하게 끓여 당근을 익혀주세요. 그런 다음 생크림 20ml를 넣고 블렌더로 곱게 갈아주세요. 당근 퓌레가 완성되면 소금을 약간 더 넣어 간하세요.

tip. 퓌레가 타거나 눌어붙지 않도록 약한 불에서 조리하고, 혹시 눌어붙을 것 같으면 물을 소량씩 넣어 재료가 타지 않도록 해주세요(끓여가며 수분을 날려주세요). 조금 더 고운 퓌레를 원한다면 체에 한번 걸러주세요.

3. 냄비에 채 썬 샬럿, 화이트 와인, 화이트 와인 비니거, 소금 약간을 넣고 중약불에서 서서히 끓여주세요.

4. ③의 소스가 1~2큰술 정도 남을 만큼 졸아들면 불을 끄고 차갑게 보관해둔 버터와 타임, 통후춧가루 약간을 넣어 유화한 뒤 체에 걸러주세요. 간을 보고 싱거우면 소금을 더 넣어 간을 마무리해주세요.

tip. 따뜻한 버터를 넣으면 급하게 풀리며 지방이 분리되니, 차가운 버터를 조금씩 나눠 넣고 쉼 없이 저어주세요. 지방은 센 불에서도 분리되니 약한 불을 유지하세요.

5. 관자에 소금과 통후춧가루 약간으로 밑간한 뒤, 올리브 오일 두른 팬에 타임을 올려 구워주세요.

6. 당근 퓌레를 접시에 깐 뒤 구운 관자와 ④에서 만든 뵈르 블랑 2큰술, 석류 알 1큰술과 통후춧가루 약간, 핑크 페퍼콘, 이탤리언 파슬리, 레몬 제스트를 뿌려 마무리하세요.

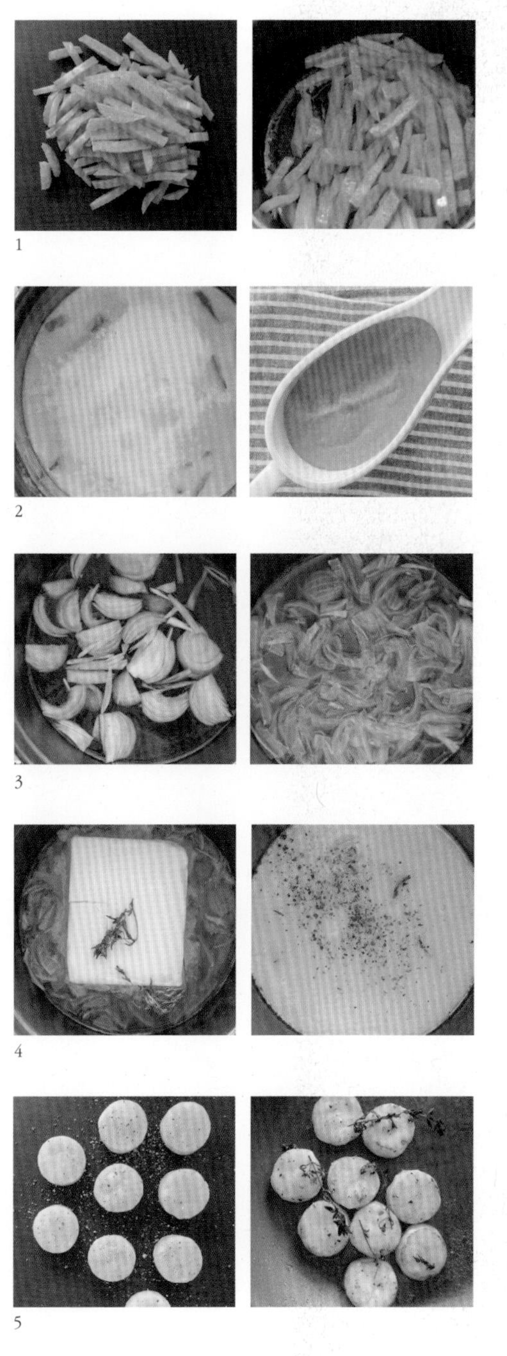
1
2
3
4
5

✗ 5월의 두 번째 요리

# 푸타네스카

푸타네스카(puttanesca) 파스타는 이탈리아의 대표 요리 중 하나로 맛이 강렬하고 독특해 많은 사람들에게 사랑받는 요리예요. 푸타네스카는 화류계 여성들이 밤늦게 일하고 낮에 장을 보기 힘들어 오래 보존할 수 있는 안초비, 올리브, 케이퍼 같은 절임으로 조리했다고 알려져 있어요. 다소 자극적인 유래를 지니고 있지만, 한번 맛보면 그 유래를 잊을 만큼 매력적이죠. 푸타네스카의 기본 재료는 올리브, 케이퍼, 마늘, 안초비, 토마토, 페페론치노예요. 아무래도 집에 늘 구비해두는 재료다 보니(저만 그런가요?) 만만하게 만들 수 있고 결과가 좋은 음식이죠. 파스타 한 그릇만 먹더라도 개성 넘치는 맛 덕분에 별도의 사이드 디시 없이도 늘 만족스러워 터프하고 펑키한 파스타가 당기는 날 종종 만들어 먹고 있습니다. 강렬한 풍미를 선호하는 분들은 분명 좋아하실 거예요.

오늘 푸타네스카를 만들다가 문득 부대찌개의 이탈리아 버전이 아닐까 하는 생각이 들었어요. 강렬한 맛과 풍미를 지닌 개성 있는 재료가 모여 하모니를 이루고 균형감 있게 독특하고 풍부한 맛을 내는 게 왠지 우리 삶 같은 기분도 들었고요. 각기 다른 재료가 만나 조화를 이루듯, 다양한 경험과 관계가 어우러져 풍부해진다는 것. 삶도 서로 다른 재료가 어우러져 만들어가는 게 아닐까요? 우리 모두는 각각의 재료이고 삶이라는 파스타 속에서 새로운 맛과 경험을 찾아가고 있는 듯합니다.

☑ 준비

재료

- 파스타 면 85g
- 이탈리언 파슬리 1줄기
- 올리브 오일 약간
- 소금 약간
- 통후춧가루 약간
- 물 70ml

토마토소스

- 안초비 13g
- 블랙 올리브 30g
- 케이퍼 10g
- 대추방울토마토 9개
- 마늘 1줌
- 페페론치노 2개

☑ 만들기

1. 큰 냄비에 물을 붓고 소금을 약간 넣은 뒤(물 1L당 소금 10g) 파스타 면을 넣고 삶아주세요.

2. 마늘과 올리브는 편으로 썰고 케이퍼와 이탈리언 파슬리는 다진 뒤 대추방울토마토는 세로로 4등분해주세요.

3. 팬에 올리브 오일을 한 바퀴 두른 뒤 마늘을 넣어 향이 올라올 때까지 볶아주세요.

4. ③에 안초비를 넣어 으깨고, 페페론치노 2개를 부숴 넣은 뒤 케이퍼와 올리브를 넣고 조금 더 볶다가 방울토마토를 넣어주세요. 방울토마토가 으깨지고 뭉근해질 때까지 중약불에서 조리합니다. 소스가 먼저 완성되면 잠시 불을 꺼놓고 기다려주세요.

5. 삶은 파스타를 완성된 토마토소스에 넣은 뒤 물 70ml와 올리브 오일 약간, 통후춧가루 약간을 넣어 중약불에서 소스를 면에 입혀주세요.

tip. 안초비와 절임을 넣어 기본적인 간이 있어 소금을 따로 넣지 않아도 짭짤하나, 염분이 모자란 경우 취향에 맞춰 소금을 조금 더 넣어도 좋습니다.

6. 그릇에 옮겨 담은 뒤 이탈리언 파슬리를 다져 올리고 통후춧가루를 뿌려 마무리하세요.

1
2
3
4
5
6

✗ 5월의 세 번째 요리

# 버터 갈릭 크랩

예전에 하와이로 여행을 갔을 때 푸드 트럭에서 슈림프 박스를 참 맛있게 먹은 기억이 있어요. 즉각적으로 에너지를 보충할 필요가 있는 하와이의 뜨거운 뙤약볕 아래 떨어졌던 체력을 한순간에 끌어올리는 맛이랄까요? 새우, 게, 랍스터 등 갑각류에는 무조건 잘 어울릴 맛이라 한국으로 돌아와서도 종종 만들어 먹다가 마침 집에 있던 게 집게발을 까서 만들었는데, 갑각류를 좋아한다면 무조건 환호할 만한 맛이더라고요. 새콤 고소하면서 짭짤한 맛이 마늘과 갑각류의 풍미와 어우러져 폭발적인 시너지가 일어나거든요.

진한 버터와 마늘의 풍부한 풍미가 매콤한 카옌 페퍼, 파프리카 파우더와 함께 어우러져 입에 끊임없이 들어가는 요리예요. 마늘, 버터, 통통한 게살에 매콤함이 더해지니 한국인이면 싫어할 수 없는 조합이거든요. 특히 마늘의 민족인 만큼 '이래도 되는 거야?' 싶을 정도로 마늘을 넉넉하게 넣는 걸 추천합니다. 마늘에 적당히 배어든 해산물의 감칠맛이 매우 좋은데, 밥이랑 특히 잘 어울리는 밥도둑이라 넉넉하게 만든 마늘을 밥 위에 올려 덮밥처럼 즐기기에도 좋으니 꼭 한번 도전해보시길 바랍니다.

사실 꽃게나 새우같이 노동 집약적인 식재료를 선호하는 편은 아니지만(어렸을 땐 늘 아버지께서 게 살을 발라주셔서 큰 불편함 없이 먹었던 터라 갑각류를 발라주는 건 애정 어린 마음이 담겨 있는 행동이란 걸 뒤늦게알았어요) 함께할 사람을 위해 조금 더 먹기 편하고 맛있게 먹을 수 있도록 게 껍질을 손질하다 보니 조금은 어른이 된 것 같은 기분이 들더라고요. 게 껍질을 바르기 귀찮다면 새우나 랍스터 테일을 반으로 갈라 만들어도 훌륭한 한 끼가 될 거예요.

☑ 준비

재료

- 소라게 발 250g
- 밥 1공기
- 카옌 페퍼 1작은술
- 소금 약간
- 밀가루 3큰술
- 파프리카가루 1큰술

마늘소스

- 버터 40g
- 식용유 약간
- 이탤리언 파슬리 1줄기
- 레몬 1/4개
- 마늘 70g

곁들임 채소

- 레몬 1/4개
※ 웨지 형태로 자른 것
- 방울토마토 3개
- 루콜라 5~10g

☑ 만들기

1. 깨끗이 손질한 소라게 발을 10분간 쪄낸 뒤 5분 동안 뜸을 들여주세요.

2. 마늘 70g을 러프하게 다져주세요.

3. 다 익은 소라게 발은 한 김 식힌 뒤 가위로 껍질을 잘라 먹기 좋게 손질하세요.

4. 비닐봉지에 밀가루 3큰술, 파프리카가루 1큰술, 카옌 페퍼 1작은술, 소금 약간을 넣고 손질한 소라게 발을 넣은 뒤 흔들어 파우더를 충분히 입혀주세요.

5. 팬에 식용유를 두르고 버터 40g과 마늘을 넣은 뒤 마늘이 익기 시작하면 소금 약간과 파우더 입힌 게 발을 넣은 뒤 섞어가며 익혀주세요.

6. 재료가 익으면 다진 이탤리언 파슬리를 넣고 레몬 1/4개를 짜 넣은 뒤 가볍게 볶아주세요.

7. 그릇에 밥을 담고 버터 갈릭 크랩과 웨지형으로 썬 레몬(산미가 부족하면 게에 살짝 뿌려 먹습니다), 루콜라, 방울토마토를 올려 완성하세요.

1
2
3
4
5
6
7

✗ 5월의 네 번째 요리

# 코코뱅

한국에 닭볶음탕이 있다면, 프랑스에는 코코뱅(coq au vin)이 있습니다. '코크(coq)'는 프랑스어로 수탉(cock), '뱅(vin)'은 와인을 뜻하는데, 코코뱅은 단어 그대로 '와인에 넣은 수탉'이라는 뜻이에요. 와인에 수탉을 넣고 끓여 만드는 조리법에서 비롯된 이름입니다. 오늘날에는 수탉 대신 일반 닭을 사용하지만요. 오랜 시간 끓여 냄비째 다 같이 먹는다는 점이 한국의 닭볶음탕과 비슷해 처음 코코뱅을 먹던 날 "이건 무슨 음식이야?"라는 식구들의 질문에 "응, 프랑스식 닭볶음탕이야" 하고 대답했던 기억이 있어요.

코코뱅과 닭볶음탕 모두 닭을 주재료로 오랜 시간 끓여낸다는 공통점이 있고 각기 다른 문화에서 오랜 시간 동안 사랑받아온 전통 요리지만, 맛과 조리법에서 차이가 명확하게 드러납니다. 코코뱅은 허브와 와인, 채소를 넣고 서서히 조리해 유럽식 스튜의 깊이와 섬세함을 표현하는 반면, 닭볶음탕은 고춧가루나 고추장 같은 매운맛에 대파와 마늘, 채소를 넣어 매콤한 맛뿐 아니라 다채로운 풍미와 감칠맛을 표현하거든요. 코코뱅은 집에서 한 솥 끓여 냄비째 식탁으로 가져와 나눠 먹기 좋은 음식으로, 가정의 달 가족과 함께 먹을 메뉴로 추천합니다. 함께 둘러앉아 가족의 웃음소리, 서로를 돌보는 따듯한 마음을 나누며 함께 보내는 시간을 즐기기에 충분할 거예요.

여담이지만 코코뱅은 레드 와인을 베이스로 한 요리이기 때문에 제가 코코뱅을 만드는 날은 요리의 일부처럼 꼭 와인 한 잔을 따라놓고 요리하곤 해요. 주방이 서서히 와인과 허브 향으로 가득 찰 즈음, 따라놓은 와인을 마시면 조리되는 동안의 기다림이 즐거움과 기대감으로 다가오거든요.

☑ 준비

재료

- 닭볶음탕용 닭 1kg
- 양송이버섯 100g
- 양파 1개
- 당근 160g
- 베이컨 4줄
- 소금 약간
- 통후춧가루 약간
- 올리브 오일 약간

소스

- 소금 약간
- 통후춧가루 넉넉히
- 타임 5g
- 월계수 잎 3장
- 와인 750ml
- 99% 초콜릿 8g

※ 냄비에 넣고 끓일 때 닭이 충분히 잠기지 않으면 맛에 따라 물과 치킨스톡을 20ml:1g 기준으로 가감해 풀어서 사용하도록 합니다.

☑ 만들기

1. 깨끗이 손질한 닭볶음용 닭에 타임 5g, 월계수 잎 3장을 넣고 통후춧가루를 넉넉히 넣은 뒤 와인 750ml를 부어 뚜껑을 덮은 다음 하루 동안 재워놓습니다. 이때 닭이 잠기지 않는다면 와인을 조금 더 넣어도 좋습니다.

2. 양파 1개는 편으로, 당근 160g은 먹기 좋은 크기로 썬 뒤 둥글려 깎고, 베이컨 4줄을 2cm 크기로 썰어주세요.

tip. 저는 작은 양송이를 사용해 따로 자르지 않고 껍질만 벗겨냈지만, 큰 양송이의 경우 4등분합니다.

3. 냄비에 올리브 오일을 약간 두른 뒤 와인에 재워놓은 닭만 건져내 소금과 통후춧가루 약간을 뿌려 골고루 구운 뒤 베이컨을 구워주세요. 이때 닭과 함께 딸려온 허브는 따로 건져내고, 닭기름이 많이 나왔다면 약간 걷어낸 뒤 베이컨을 구워주세요.

tip. 닭을 재워놓았던 와인은 소스로 만들 예정이니 닭만 건져내고, 허브와 와인은 버리지 말고 따로 남겨두세요.

4. 베이컨이 익으면 따로 빼놓은 뒤 썰어놓은 채소와 버섯, 소금 약간을 넣고 통후춧가루를 넉넉히 넣고 볶아주세요.

5. 채소가 어느 정도 익으면 닭을 재워두었던 와인과 허브를 체에 걸러 냄비에 담은 뒤, 구워두었던 닭과 베이컨을 넣고 강한 불로 끓여주세요. 혹시 닭이 충분히 잠기지 않는다면 물에 치킨 스톡 푼 물을 닭이 잠기도록 부어주세요. 끓이며 중간중간 올라오는 거품은 건져냅니다.

6. 거품이 생기지 않으면 약한 불로 줄이고 뚜껑을 약간 열어 밑부분이 타지 않도록 중간중간 섞어가며 1시간 동안 끓여주세요.

7. 끓인 닭에 99% 초콜릿 8g을 넣고 30분간 중간중간 저어가며 조려 완성합니다.

1
2
3
4
5
6

# June

**각종 채소, 감자, 초당옥수수, 복숭아**

날이 점점 더워져 가벼운 식사를 찾게 되면서, 다양한 채소가 주인공이 되는 시기예요. 갖가지 채소를 바냐 카우다에 찍어 먹기도 하고, 막 캐낸 햇감자로 일본식 고기조림을 만들거나 달큰한 초당옥수수와 완두콩으로 파스타를 만들어 먹기도 하고, 복숭아의 달콤한 향을 머금은 파이로 여름을 기다리기도 하며 마음이 한층 더 즐거워지는 시기입니다.

✗ 6월의 첫 번째 요리

# 바냐 카우다

이탈리아어로 뜨거운 그릇(hot bath) 또는 뜨거운 소스(hot dip)를 뜻하는 '바냐 카우다(bagna càuda)'는 올리브 오일, 안초비, 마늘로 만든 소스를 뭉근하게 끓여 다양한 제철 채소와 빵을 찍어 먹는 이탈리아 피에몬테 지방의 전통 요리로, 퐁뒤와 먹는 방식이 비슷해요.

안초비는 우리나라의 멸치젓갈과 비슷한 이탈리아의 절임 식품이에요. 그런 안초비의 짭조름한 감칠맛에 마늘의 풍미가 더해진 소스로 한국인이라면 누구나 좋아할 매력적인 음식입니다. 이탈리아의 쌈장이라고 생각하면 조금 쉽게 다가올 거예요. 채소 스틱을 쌈장에 찍어 먹듯 다양한 채소를 취향에 맞춰 먹기 좋은 크기로 자른 뒤 바냐 카우다에 찍어 먹는 디핑 소스입니다. 일반적으로 바냐 카우다는 워머(푸조트)에 데워 먹는 음식이지만, 워머가 없다면 전자레인지에 10~15초 정도씩 데워도 됩니다. 아르헨티나에서는 생크림을 넣어 안초비의 맛을 중화하며 크리미하게 먹기도 하는데, 저는 따뜻하게 데운 오일 베이스의 바냐 카우다와 정통적인 방식은 아니지만 리코타 치즈를 베이스로 꾸덕하면서 차갑게 만든 바냐 카우다 디핑을 곁들여 먹는 게 좋더라고요. 바냐 카우다와 리코타 치즈는 제법 잘 어울리는 한 쌍이라 생각해요. 바냐 카우다를 미리 만들어놓으면 그때그때 소스만 데워 채소를 잘라 먹을 수 있으니 여름철 가볍게 만들어 먹기 좋은 것 같아요. 아무래도 여름이 되면 최대한 불을 쓰지 않고 조리하는 음식을 선호하게 되는데, 무더운 여름 가볍게 먹을 전채 요리나 와인 안주로 추천합니다. 채소를 베이스로 한 요리다 보니 양껏 먹어도 속이 편하고, 안초비의 짭짤한 맛이 산미 있는 화이트 와인이나 샴페인과 잘 어울리더라고요. 처음 바냐 카우다를 접한 후 이따금 여름이 되면 한 번씩 해 먹게 되는 것 같아요.

## ☑ 준비

오일 디핑소스

- 안초비 15마리
- 마늘 22톨
- 올리브 오일 75ml

리코타 디핑소스

- 리코타 치즈 2큰술
- 쪽파 초록색 부분 1대 분량
- 바냐 카우다 오일 디핑 1큰술
- 통후춧가루 약간

채소

- 엔다이브 1개
- 라디치오 1/8조각
- 미니 파프리카 3개
- 생할라피뇨 2개
- 알감자 3개
- 셀러리 1줄기
- 알배추 1/4개
- 오이 1/2개
- 당근 1/2개

※ 모두 생략 가능하며 원하는 채소 사용 가능

## ☑ 만들기

[바냐 카우다 오일 디핑소스 만들기]

1. 냄비에 안초비 15마리와 마늘 22톨을 넣고 올리브 오일 75ml를 냄비 사이즈에 맞춰 재료가 자작하게 잠기도록 부어주세요.

2. 아주 약한 불에 재료를 뭉근하게 끓인 뒤 마늘이 어느 정도 익으면 포크로 으깨가며 끓여줍니다. 불 세기에 따라 20~30분간 끓이다 재료에 황갈색이 돌고 마늘과 안초비가 어우러지면 불을 끄고 접시에 덜어놓으세요.

[바냐 카우다 리코타 디핑소스 만들기]

1. 쪽파 초록 부분을 채 썰어 준비해주세요.

2. 썰어둔 쪽파와 바냐 카우다 오일 디핑 1큰술, 리코타 치즈 2큰술, 통후춧가루 약간을 섞어 준비해주세요.

※아르헨티나에서 생크림을 넣어 안초비의 맛을 중화하며 크리미하게 먹기도 하는 것에서 착안해 리코타를 넣어 만들었어요. 정통적인 방식은 아니지만 안초비 디핑에 리코타 치즈를 베이스로 꾸덕하게 만들어 냉장고에 차갑게 보관해 쌈장처럼 채소를 찍어 먹기 좋아요. 데우지 말고 차가운 상태로 서빙해주세요.

[함께 서브할 채소]

1. 오이, 당근, 셀러리는 먹기 좋은 크기로 자르고 미니 파프리카와 할라피뇨는 반으로 잘라 속을 파내 준비해주세요. 라디치오와 알배추, 엔다이브 같은 잎채소는 취향에 따라 한 장씩 떼어 먹거나 덩어리째 적당한 크기로 썰어 서빙해주세요.

2. 반으로 자른 파프리카와 할라피뇨에 리코타 디핑소스로 속을 채운 뒤 통후춧가루를 뿌려주세요.

3. 알감자 3개를 취향에 맞춰 삶거나 전자레인지에 쪄주세요. 알감자를 깨끗이 씻은 뒤 물을 살짝 담아 랩을 씌운 다음 공기 구멍을 뚫고 전자레인지 사양과 감자 크기에 따라 1분 30초~3분간 돌리면 편하게 찔 수 있습니다.

오일 디핑소스

리코타 디핑소스

채소

✗ 6월의 두 번째 요리

# 닭 가슴살 매리네이트 3종

날씨가 점점 풀리는 만큼 옷차림도 가벼워지기에, 다이어트 식단을 시작하기 좋은 때가 바로 이때쯤이 아닐까 싶어요.

체중을 조절하려고 마음먹으면 닭 가슴살이 바로 떠오르죠. 저는 치킨을 시켜 먹을 때도 닭 가슴살만 골라 먹을 만큼 좋아하기 때문에 식단 하는 데 큰 무리가 없지만(닭으로 만든 요리를 먹으러 가면 일행이 좋아하는 편입니다) 아무래도 밍밍하고 퍽퍽하다는 이미지 때문에 닭 가슴살을 많은 분이 꺼리는 것 같아요.

시판 제품을 사용하면 편하긴 하지만 저는 집에서 직접 해 먹는 걸 좋아하기 때문에 양념해놓은 닭 가슴살을 미리 재워서 소분해놓고, 쪄내듯 구워 샌드위치나 샐러드, 토르티야 랩, 밥반찬 등 여러 변주를 주고 있어요. 두루두루 다양한 요리에 넣기 좋아 활용도가 높거든요.

기본적으로 라임과 오렌지 매리네이트 치킨은 고유의 맛에 시트러스 계열의 상큼한 향이 어우러져 샌드위치나 샐러드, 토르티야 랩, 포케등과 잘 어울리고, 커리 매리네이트 치킨은 소스를 넉넉하게 계량했기 때문에 밥과 함께 먹거나 빵을 구워 찍어 먹어도 잘 어울려요.

미리 만들어둘 분들은 냉장고에서 최소 4~12시간 동안 매리네이트해놓은 닭 가슴살을 소분해 지퍼 백에 소스와 넣어 냉동해놓고 언제든 꺼내 구워 드세요. 퍽퍽함은 찾아볼 수 없고 다양한 맛으로 질리지 않게 즐길 수 있어요. 매리네이트하는 방법도 간단하기 때문에 초보 다이어터나 요리 초보자도 쉽게 즐길 수 있을 거예요.

## ☑ 준비

라임 매리네이트

- 닭 가슴살 2개
- 올리브 오일 4큰술
- 라임 1개
- 라임 제스트 1개 분량
- 다진 마늘 2큰술
- 피시소스 1큰술
- 팜 슈거 4큰술
- 고수 1뿌리
- 크러시드 레드 페퍼 1큰술

## ☑ 만들기

[라임 매리네이트 닭 가슴살 만들기]

1. 고수 1뿌리를 다져 준비해주세오.

2. 라임 1개 분량의 제스트를 갈아주세오.

3. 라임을 반으로 잘라 볼에 ½개만 즙을 짜주세오(라임을 썰기 전 눌러주듯 굴리면 라임즙이 훨씬 더 풍성하게 나옵니다). 이때 남은 라임 ½개는 얇게 슬라이스해주세오.

4. 볼에 칼집 낸 닭 가슴살 2개, 올리브 오일 4큰술, 라임즙 3큰술, 라임 슬라이스 3장, 라임 제스트 1개 분량, 다진 마늘 2큰술, 피시소스 1큰술, 팜 슈거 4큰술, 다진 고수 1큰술, 크러시드 레드 페퍼 1큰술을 넣고 매리네이트해주세오.

커리 매리네이트

- 닭 가슴살 2개
- 팜 슈거 2큰술
- 카레가루 5큰술
- 코코넛 밀크 1컵
- 소금 1/3큰술
- 토마토 페이스트 2큰술
- 다진 마늘 1큰술
- 마살라가루 1/5작은술
- 통후춧가루 약간

[커리 매리네이트 닭 가슴살 만들기]

1. 팜 슈거 2큰술, 카레가루 5큰술, 코코넛 밀크 1컵, 소금 1/3큰술, 토마토 페이스트 2큰술, 마살라가루 1/5작은술, 통후춧가루 약간을 볼에 담아주세요.

2. ①의 소스에 칼집 낸 닭 가슴살 2개와 다진 마늘 1큰술을 함께 넣어 매리네이트해주세요.

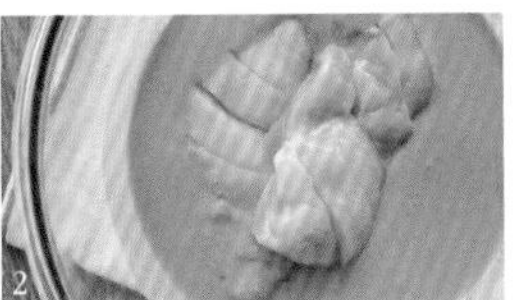

오렌지 매리네이트

- 닭 가슴살 2개
- 오렌지 1개
- 화이트 와인 비니거 2큰술
- 다진 마늘 2큰술
- 간장 4큰술
- 꿀 2큰술
- 올리브 오일 2큰술
- 생강가루 ½큰술
- 팜 슈거 1큰술
- 로즈메리 2줄기

[오렌지 매리네이트 닭 가슴살 만들기]

1. 오렌지 1개의 껍질을 갈아주세요.

2. ①의 오렌지를 반으로 잘라 가운데 부분을 2장 얇게 슬라이스 해주고, 남은 오렌지는 즙을 짜내 볼에 준비해주세요.

tip. 오렌지가 없다면 오렌지주스를 사용해도 좋지만, 오렌지 제스트를 넣어야 맛과 향이 더 살아나기 때문에 가급적 생오렌지를 사용하는 것을 추천합니다.

3. 칼집 낸 닭 가슴살 2개, ②에서 짜둔 오렌지즙, ①의 오렌지 제스트, 화이트 와인 비니거 2큰술, 다진 마늘 2큰술, 간장 4큰술, 꿀 2큰술, 올리브 오일 2큰술, 생강가루 ½큰술, 팜 슈거 1큰술, 로즈메리 2줄기를 넣어 매리네이트해주세요.

---

최소 4~12시간 매리네이트한 치킨은 1개당 계량한 소스와 함께 지퍼 백에 소분해 냉동실에 보관한 후 해동해 먹을 수 있으며, 닭 가슴살 조리 시 물 ⅓~½컵과 함께 기름 두른 프라이팬에 아주 약한 불로 쪄내듯 앞뒤로 구우면 부드럽고 촉촉하게 즐길 수 있어요. 라임과 오렌지 치킨은 조리를 마무리하는 과정에서 소스를 끼얹어가며 구우면 더욱 맛있습니다.

✗ 6월의 세 번째 요리

# 피치 코블러

여러분도 철마다 한 번씩 해 먹는 요리가 있나요? 개인적으로 과일을 좋아하는 편이 아니라 잘 챙겨 먹진 않지만, 복숭아 철이 되면 피치 코블러를 꼭 해 먹어요. 따뜻하게 구운 고소한 스콘과 복숭아 과즙, 차갑고 달콤한 바닐라 아이스크림과 계피 향이 조화를 이루어 복숭아 철이 오면 생각나더라고요.

코블러는 미국에 정착한 초기 영국 이민자들이 만든 것이라고 해요. 19세기 초 미국에 정착한 이민자들이 서쪽으로 거주지를 확장해 과일을 접하기 어려웠는데, 이때 재료 수급이나 조리 장비가 부족한 환경에서 영국식 푸딩(English steamed pudding)을 만들기 위해 통조림이나 말린 과일, 비스킷 반죽을 활용해 간단한 파이를 만들었고, 이 요리가 코블러의 시초가 되었다고 해요.

코블러는 현재 미국에서 즐겨 먹는 디저트 중 하나로, 피치 코블러는 특히 남부 지방에서 인기 있어요. 크게 반죽 토핑이 있는 것과 비스킷 토핑이 있는 것으로 나뉩니다.

이번에 준비한 피치 코블러는 비스킷을 올린 것으로, 스콘 반죽이라 겉은 파삭하면서도 속은 보송보송하고 계피 향과 적당히 달달하게 절인 복숭아의 조합이 좋아요. 저는 단 음식을 좋아하는 편이 아니라 절이는 동안 과일에서 나오는 과즙을 활용하고 과일의 당도를 적당히 끌어올리는 정도로 간을 하기 때문에 단 음식을 즐기지 않는 분들도 충분히 맛있게 먹을 수 있을 거예요.

복숭아는 꼭 잘 익고 과즙이 많은 황도를 사용해야 더더욱 맛이 좋아요. 복숭아 통조림으로 만들어도 되지만, 제철 복숭아를 사용하면 향과 맛이 더욱 살아 있는 맛있는 피치 코블러를 맛볼 수 있어요.

## ☑ 준비

복숭아조림

- 물렁한 황도 1.2kg
- 설탕 1/4컵
- 전분 1작은술
- 레몬즙 1작은술
- 너트메그 1작은술
- 소금 약간

비스킷

- 중력분 1+1/2컵
- 설탕 1/3컵
- 베이킹파우더 1작은술
- 베이킹소다 1/2작은술
- 소금 1/4작은술
- 바닐라 빈 페이스트 1+1/2작은술
- 무염 버터 80g
- 무가당 플레인 요거트 1/2컵
- 황설탕 넉넉히
- 계핏가루 약간

## ☑ 만들기

1. 껍질 벗긴 물렁한 황도 1.2kg을 8등분하고, 설탕 1/4컵에 버무린 뒤 40분간 놓아두세요.

tip. 설탕에 절이는 과정에서 나온 복숭아즙은 나중에 사용할 예정이니 버리지 말고 따로 보관하세요.

2. 버무린 복숭아를 체에 걸러 물기를 뺀 뒤, 이 과정에서 나온 복숭아즙 1/4컵을 따로 빼놓은 다음 복숭아즙과 전분 1작은술, 레몬즙 1작은술, 너트메그 1작은술, 소금 약간과 체에 밭쳐둔 복숭아를 섞은 뒤 200℃로 예열한 오븐에 12분간 구워주세요.

3. 중력분 1+1/2컵, 설탕 1/3컵, 베이킹파우더 1작은술, 베이킹소다 1/2작은술, 소금 1/4작은술, 바닐라 빈 페이스트 1+1/2작은술, 무염 버터 80g을 고슬고슬하게 고무 주걱으로 섞은 뒤, 플레인 요거트 1/2컵을 넣고 되직해질 때까지 섞어주세요. 이때 제형과 반죽 점도에 맞춰 요거트 양을 조절합니다.

4. ②에 ③에서 만들어둔 밀가루 반죽을 덩어리지게 올려 구워주세요(시럽을 증발시키기 위해 복숭아조림 표면을 반죽으로 완전히 덮지 않도록 합니다). 이때 반죽 위에 입자감 있는 황설탕과 계핏가루를 뿌려주세요.

5. 200℃로 예열한 오븐에서 20분 동안 구운 뒤 꺼내세요.

tip. 정확한 조리 시간은 비스킷층의 두께에 따라 달라지므로 반죽에 젓가락을 넣어 확인합니다. 반죽이 익지 않았다면 3~5분 간격으로 시간을 더 봐가며 확인하세요.

시럽이 걸쭉해지도록 한 김 식혀 완성합니다.

tip. 커스터드 크림 혹은 바닐라 아이스크림을 곁들이면 더욱 잘 어울립니다.

✶ 6월의 네 번째 요리

# 니쿠자가

따사로운 볕이 드는 날 창문을 통해 들어오는 햇살에 보글보글 찌개 끓는 소리, 도마 위에서 탕탕 칼질하는 소리, 치익, 하며 밥솥에서 김 빠지는 소리. 듣기 좋은 소리와 맛있는 향기로 가득 찬 부엌에서 보내는 시간을 좋아합니다.

스스로를 대접해주는 느낌으로 예쁘고 근사하게 차려 먹는 것도 좋지만 '혼자보다 나은 둘'이라는 말처럼, 미디어를 벗 삼아 혼자 하는 식사보다 온 가족이 둘러앉아 도란도란 식사를 나누는 시간이 정말 소중해요.

포슬포슬한 햇감자가 맛있는 계절에 가족과 다 같이 즐기기 좋은 니쿠자가를 소개합니다. 니쿠자가(肉じゃが)는 일본의 전통 가정식으로 '니쿠'는 고기, '자가'는 감자라는 뜻이죠. 즉 고기 감자조림입니다.

니쿠자가는 일본에서 여자 친구가 만들어줬으면 하는 음식 1위를 차지할 만큼 사랑받는 집밥 메뉴 중 하나로, 한국으로 치면 된장찌개 같은 위치라고 할 수 있죠. 한국인 입맛에도 호불호 없을 맛이라 생각합니다. 양파와 당근, 감자를 먹기 좋은 크기로 썰어 넣고 고기와 함께 익혀 국물이 자작하게 졸아들 때쯤 부엌에 풍기는 냄새를 맡으면 따끈한 밥 한 공기가 자연스럽게 생각나거든요.

달콤 짭조름한 간장 맛이 배어 부드럽게 익은 소고기와 포슬포슬한 감자가 입안에서 부서질 때 얼마나 기분이 좋은지 몰라요. 감자를 부숴 소스와 버무리면 맛 조합이 참 좋아서 소스에 버무린 감자를 양념 삼아 밥과 비빈 후, 속 재료를 취향껏 올려 한입 가득 먹으면 절로 미소가 지어질 거예요.

## ☑ 준비

재료

- 소고기 250g
- 두부 240g
- 당근(작은 것) ½개
- 감자 2개
- 양파(중간 크기) 1개
- 꽈리고추 10개
- 실곤약 ½팩
- 표고버섯 1개
- 식용유 약간
- 식초 약간
- 물 800ml
- 가쓰오부시 2줌
- 다시마 3장
- 간장 70ml
- 미림 100ml
- 설탕 35g

## ☑ 만들기

1. 감자와 당근을 먹기 좋은 크기로 자른 뒤, 모든 모서리를 둥글려가며 깎아주세요. 이때 양파는 먹기 좋은 크기로 채 썰고, 표고버섯은 십자 모양을 내서 준비합니다.

2. 팬에 기름을 두른 뒤 두부의 여섯 면을 중약불에서 골고루 구워주세요. 두부를 구운 뒤 색을 내기 위해 토치로 겉면을 살짝 익히면 더욱 좋아요.

3. 팬에 기름을 둘러 감자를 중약불에서 익히다 중간에 당근을 넣어 함께 볶아주세요.

4. 감자와 당근이 살짝 노릇해지면 얇게 저민 소고기 250g과 채 썰어둔 양파를 넣고 함께 볶아주세요.

5. 끓는 물에 실곤약 ½팩과 식초 약간을 넣어 1분간 데친 뒤 흐르는 물에 살짝 헹궈주세요.

6. 양파와 고기가 익으면 중간 불로 올린 뒤 물 800ml와 국물 내기용 팩(다시마 3장, 가쓰오부시 2줌)을 함께 넣고 끓여주세요.

7. 간장 70ml, 미림 100ml, 설탕 35g을 넣고 표고버섯 1개, 실곤약 면 ½팩, 꽈리고추 10개를 넣어 끓인 뒤 국물 내기용 팩을 꺼내 마무리해주세요.

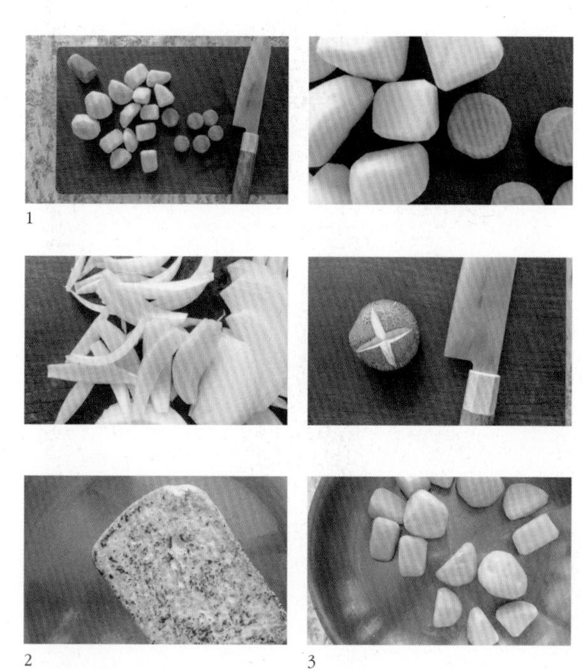

1

2

3

4

5

6

7

✱ 6월의 다섯 번째 요리

# 초당옥수수를 곁들인 완두콩 페스토 카사레체

씹으면 톡 터지는 식감, 보드라우면서 달큰한 특유의 맛, 한번 삶아내면 더욱 초록빛으로 싱그러워지는 초여름의 색감까지. 초여름의 완두콩은 그 자체로 신선함과 생기를 품고 있는 것 같아요. 작은 콩알이 터지듯 싱싱한 맛을 뿜어내기에, 녹음이 우거진 주위 풍경과 계절의 분위기까지 알알이 담겨 있는 듯한 기분이 들거든요.

완두콩과 민트를 활용해 페스토를 만들어 파스타와 함께 즐기면 가볍고 신선한 맛이 납니다. 부드러운 초록 맛 완두콩과 향긋한 허브 향이 하나로 어우러지는데, 여기에 달큰하고 아삭한 초당옥수수와 상큼한 토마토, 언제 먹어도 맛있는 새우에 부드럽고 크리미한 부라타 치즈의 고소한 맛까지 더해져 쇼트 파스타와 재료를 숟가락으로 푹푹 퍼 먹으면 계절의 맛이 한 스푼에 담기는 것 같아요.

사용한 카사레체(casarecce) 파스타는 파스타를 탈리아텔레 정도로 납작하게 밀어 자른 후 손으로 돌돌 말아낸 쇼트 파스타의 일종으로 '손으로 만든, 가정적인(casareccio)'라는 뜻에서 유래한 쫄깃한 쇼트 파스타예요. 쇼트 파스타는 소스를 더 많이 머금을 수 있는 형태라 페스토와 특히 더 잘 어울리죠.

콩과 파스타 면에 민트 조합이 다소 생소하게 느껴질 수 있지만 서양식 콩국수 같은 느낌으로, 고소하면서도 경쾌한 맛이 참 매력적이에요. 제 취향은 후춧가루를 이렇게 뿌려도 되나 싶을 정도로 많이 뿌리고, 먹다가 중간에 크러시드 레드 페퍼를 뿌려 매운맛으로 변주를 줘가며 먹는 거예요. 개인적으로 방울토마토와 궁합이 좋아 중간중간 방울토마토를 추가하곤 해요.

## ☑ 준비

재료

- 카사레체 면 80g

※ 다른 쇼트 파스타로 대체 가능

- 초당옥수수 1/4개
- 방울토마토 4개
- 부라타 치즈 1알
- 올리브 오일 약간
- 통후춧가루 약간
- 파르미자노 레자노 치즈 적당량
- 새우 5마리

페스토

- 완두콩 100g
- 파르미자노 레자노 치즈 20g
- 잣 20g
- 민트 잎(큰 것) 12장
- 올리브 오일 20ml
- 마늘(작은 것) 2톨
- 레몬즙 1작은술
- 소금 1작은술
- 완두콩 삶은 물 1/4국자

## ☑ 만들기

1. 완두콩 100g을 끓는 물에 넣어 3~5분간 끓여주세요.

2. 완두콩이 모두 익으면 블렌더에 넣고 민트 잎 12장, 파르미자노 레자노 치즈 20g, 잣 20g, 올리브 오일 20ml, 마늘 2개, 레몬즙 1작은술, 소금 1작은술을 넣고 갈아주세요. 이때 잘 갈리지 않는다면 완두콩 삶은 물을 조금씩 넣어가며 갈아줍니다.

3. 넉넉한 물에 소금을 넣고(물 1L당 소금 10g) 카사레체 면 80g을 넣어 삶아주세요.

4. 초당옥수수는 세로로 길게 한 줄 자른 뒤 먹기 좋은 크기로 나누고 방울토마토는 반으로 잘라주세요.

5. 올리브 오일을 한 바퀴 두른 팬에 손질한 새우에 통후춧가루를 뿌려 구운 뒤 자른 초당옥수수를 넣고 토치로 구워주세요.

6. 카사레체 면이 모두 익으면 만들어둔 페스토와 함께 볼에 담고 골고루 섞어주세요.

7. 그릇에 파스토에 버무린 면을 올린 뒤 썰어둔 방울토마토, 초당옥수수, 새우, 부라타 치즈를 올린 다음 파르미자노 레자노 치즈 적당량과 통후춧가루 약간을 뿌리고 올리브 오일을 한두 바퀴 둘러 마무하세요.

# July

**토마토, 가벼운 와인 안주, 광어**

그늘 밑에선 잠시 숨을 고를 수 있지만 점차 강렬해지는 햇빛과 열기는 여름 향을 물씬 풍깁니다. 더워지는 날씨만큼 요리 또한 가벼우면서 시원한 음식이 더욱 환영받는 걸 보면 요리는 계절과 나누는 대화 같아요. 이때쯤이면 청량하고 가벼운 여름 맛이 구미를 당기죠. 풍성한 과일과 채소, 해산물로 토마토 가스파초와 지라시즈시를 만들고, 상큼하고 세콤한 소스를 더해 치킨 난반을 만들어 식탁 위에서 다가오는 여름을 맞이해보세요. 시원한 화이트 와인과 곁들이기 좋은 콜리플라워구이와 컵 파스타의 담백하고 신선한 맛으로 여름밤 시원한 바람을 느낄 수 있습니다.

✶ 7월의 첫 번째 요리 ✶

# 치킨 난반

치킨 난반(チキン南蛮)은 튀긴 닭고기를 새콤달콤한 간장 베이스의 타레에 적시고 타르타르소스를 뿌려 먹는 일본 규슈 미야자키현 대표 음식이에요.

일본도 지역마다 유명한 음식이 있는데, 치킨 난반은 대표적인 일본 음식 중 하나로 가정식으로 자주 먹는 메뉴이기도 하고 도시락, 급식 등에서도 쉽게 볼 수 있는 국민 메뉴예요. 치킨 난반은 온도가 높지 않은 기름에 전을 부치듯 튀겨 닭고기를 소스에 적시기까지 하기 때문에 바삭한 식감과는 거리가 있어요. 일반적으로 일본인들이 치킨 난반에 원하는 식감은 바삭함이 아니기 때문에 가라아게 같은 닭고기 튀김과는 다른 느낌이죠. 이해하기 쉽게 말씀드리면 양념치킨 튀김옷 정도의 식감이라고 보면 될 것 같네요. 한국에선 조그마한 선술집이나 가정식 전문점에서 가끔 볼 수 있는 생소한 메뉴였지만, 요즘 하이볼 바나 사케 바가 유행하면서 심심치 않게 만날 수 있게 된 것 같아요.

상큼하고 새콤한 타레와 넉넉한 양배추, 고소하게 튀겨낸 닭 가슴살의 조합이 정말 좋은 요리예요. 사실상 튀긴 요리이고 마요네즈도 들어가지만, 새콤달콤하고 감칠맛 넘치는 타레와 달걀 타르타르소스가 산뜻한 맛을 더해줘 느끼하거나 무겁지 않아요(타르타르소스를 만들 때 마요네즈 대신 꾸덕하지 않은 그릭 요거트로 대체하면 죄책감을 약간 줄일 수 있습니다).

촉촉한 닭고기에 새콤달콤한 타레가 입맛을 돋우고, 여기에 고소한 타르타르소스와 함께 아삭한 양배추를 곁들이면 순식간에 밥 한 그릇 뚝딱 비울 거예요. 맥주 안주로 먹기도 좋지만 개인적으로 밥반찬으로 먹을 때 흰쌀밥과 아주 잘 어울리는 것 같아요.

## ☑ 준비

재료

- 닭 가슴살 1개
- 소금 약간
- 통후춧가루 약간
- 양배추 3~4장
- 쪽파 5대
- 방울토마토 약간

※ 생략 가능

- 오이 약간

※ 생략 가능

- 밀가루 1+½컵
- 달걀(달걀물용) 1개
- 식용유 적당량

치킨 타레

- 간장 50ml
- 식초 50ml
- 설탕 50g
- 미림 10ml

타르타르소스

- 달걀 2개
- 양파 ¼개
- 코니숑(오이피클) 1개
- 꿀 1큰술
- 마요네즈 5큰술

※ 무가당 요거트로 대체 가능

- 소금 약간
- 통후춧가루 약간
- 레몬 ¼개

## ☑ 만들기

1. 닭 가슴살 1개는 반으로 포를 떠 소금, 통후춧가루로 밑간해 재워주세요.

tip. 닭 다리살 정육을 사용해도 무방합니다. 그럴 경우 반으로 자르는 과정을 생략해주세요.

2. 분량의 치킨 타레 재료를 섞어 약한 불에 끓인 뒤 넓적한 볼에 담아주세요.

3. 달걀 2개는 완숙으로 충분히 익혀주세요.

4. 양파 ¼개, 코니숑 1개, 쪽파 5대는 잘게 다져주세요.

5. 삶은 달걀 2개를 깬 뒤 마요네즈 5큰술(무가당 요거트로 대체 가능), 꿀 1큰술, 다진 양파 ¼개 분량, 다진 코니숑 1개, ¼개 분량의 레몬즙, 소금과 통후춧가루 약간을 넣고 타르타르소스를 만들어주세요.

6. 재워둔 닭 가슴살에 밀가루-달걀물-밀가루 순으로 튀김옷을 입혀주세요.

7. 프라이팬에 1~2cm 정도 식용유를 넉넉히 부은 뒤 ⑥을 넣어 약한 불에서 은근하게 튀겨주세요.

8. 닭이 다 익으면 ②의 소스에 닭을 한번 담근 뒤 그릇에 올리세요.

9. 양배추를 채 썰어 그릇에 담고 ②의 소스를 뿌려주세요. 닭고기 위에 타르타르소스와 쪽파를 올려 마무리하세요.

tip. 취향에 따라 방울토마토, 오이를 곁들여 먹습니다.

1
2
3
4
5
6
7
8
9

✗ 7월의 두 번째 요리 ✗

# 토마토 가스파초

어릴 때부터 저에게 토마토는 익혀 먹는 식재료로 인식되어, 생토마토를 먹은 것은 가끔 '설탕 뿌린 토마토' 정도였어요. 그마저 제가 생토마토를 안 먹어서 어머니께서 내리신 특단의 조치였을 만큼 생토마토의 맛과 식감을 좋아하지 않았는데, 입맛은 변하나 봐요.

토마토 가스파초, 토마토 그라니타, 토마토 매리네이트 등 '토마토는 여름 맛'이라고 생각될 만큼 이제는 여름 생토마토를 즐기는 사람이 되었습니다(토마토 아이스크림도 좋아해요). 여름철은 토마토가 더욱 빨갛게 익어 신선하면서도 달큰한 향이 강해지거든요.

토마토 가스파초(gazpacho)는 토마토, 피망, 오이, 빵, 올리브 오일, 식초, 얼음을 함께 갈아 차게 먹는 스페인의 수프예요. 겨울에 따듯한 스튜가 생각나듯, 상큼한 맛과 신선한 재료가 어우러진 토마토 가스파초는 여름에 자연스레 생각나는 요리가 되었어요.

상큼하고 가벼운 맛에 입맛 돋우는 전채 요리나 코스 요리 중간에 입을 개운하게 씻어내는 역할을 톡톡히 하는데, 신선한 여러 채소를 넣고 갈아 만들기 때문에 '마시는 샐러드'라고 불리기도 하고 '해독 수프'라고 불리기도 해요. 저는 가벼운 식사 대신 자주 먹어요.

부드러운 식감을 내기 위해 한번 삶은 토마토의 껍질을 벗겨내 만들었지만, 불 앞에 서 있기도 싫은 무더운 여름에는 껍질을 벗기지 않아도 충분히 맛있으니 토마토 가스파초로 더위를 식히고 상쾌함을 더해보세요.

## ☑ 준비

재료

- 토마토 610g
- 양파(작은 것) ½개
- 파프리카 125g
- 오이 ¼개
- 식빵 2장
- 올리브 오일 30ml
- 발사믹 식초 10ml
- 레몬즙 10ml
- 한 판(26×11.5cm) 분량의 얼음

※ 완숙 토마토가 아니라면 설탕 1큰술 추가

## ☑ 만들기

1. 토마토에 십자로 칼집을 낸 뒤 끓는 물에 40초간 데친 다음 차가운 물에 식혀 속까지 익는 것을 막아주세요.

2. 토마토가 식으면 껍질을 벗긴 뒤 반으로 잘라 속을 빼낸 다음 적당한 크기로 잘라주세요.

3. 양파, 파프리카, 오이를 갈기 좋은 크기로 잘라주세요. 이때 고명으로 얹을 양파, 파프리카, 오이를 약간씩 빼서 썰어주세요.

4. 찢은 식빵 1장과 썰어놓은 토마토와 채소, 얼음, 올리브 오일 30ml, 발사믹 식초 10ml, 레몬즙 10ml를 넣은 뒤 블렌더로 갈아주세요.

tip. 완숙 토마토가 아니라 단맛이 부족하다면 설탕 1큰술을 함께 넣고 갈아주세요.

5. 남은 식빵 1장을 먹기 좋은 크기로 썬 뒤 2분 30초간 토스트해주세요.

6. ④를 그릇에 옮겨 담은 뒤, 고명으로 썰어둔 채소와 토스트한 빵을 함께 올려 완성하세요.

1
2
3
4
5

Secret Base

✗ 7월의 세 번째 요리

# 브레드 크럼 콜리플라워

테라스와 시원한 와인. 이보다 더 완벽하게 여름을 나는 방법이 있을까요? 가벼운 바람, 편안한 의자에 앉아 테라스를 가득 채우는 여유와 즐거움. 이 모든 것이 한데 어우러지면 단순한 식사 이상으로 한여름에 만끽할 수 있는 낭만 중 하나라고 생각해요.

활기찬 계절이 찾아오면 테라스에서 마시는 시원한 화이트나 스파클링 와인을 개인적으로 정말 좋아하는데, 우연히 들른 레스토랑에서 사이드로 시킨 콜리플라워구이가 가볍게 먹기 딱 좋더라고요. 그 후로 집에서 가벼운 안주를 먹고 싶을 때 종종 콜리플라워로 안주를 만들고 있어요.

콜리플라워는 자체의 맛이 강하지 않지만, 그 점 때문에 다양하게 변신할 수 있어 매력적인 채소예요. 그날그날 기분 따라 바꿔가며 요리하기 편한 식재료인데, 빵가루를 뿌려 구울 때는 포크 대신 숟가락을 사용해서 브레드 크럼과 함께 마구마구 퍼 먹어요.

파프리카 파우더와 갈릭 파우더의 알싸하게 매콤한 맛, 파르미자노 레자노 치즈의 짭짤 고소한 풍미와 콜리플라워의 부드러움에 황금빛으로 구운 빵가루의 바삭함과 고소함이 조화를 이루어 풍성한 맛이 입안 가득 느껴지거든요.

바삭한 식감으로 시작해 부드럽고 고소한 맛으로 이어지다 풍미 가득하게 마무리되면서 각기 다른 맛과 식감이 어우러져, 간단하지만 풍부한 맛을 즐길 수 있는 요리라 가벼운 안주가 생각날 때 제격이에요.

## ☑ 준비

재료

- 콜리플라워 200g
- 빵가루 20g
- 파프리카 파우더 1큰술
- 카옌 페퍼 1/4큰술
- 갈릭 파우더 1큰술
- 카레가루 1큰술
- 어니언 파우더 1/2큰술
- 소금 약간
- 통후춧가루 약간
- 파르미자노 레자노 치즈 10g
- 이탤리언 파슬리 1줄기
- 식용유 6큰술

## ☑ 만들기

1. 콜리플라워는 끓는 물에 깨끗이 씻어 1분간 데친 뒤 건져주세요.

2. 물기를 제거한 콜리플라워에 빵가루 20g, 파프리카 파우더 1큰술, 카옌 페퍼 1/4큰술, 갈릭 파우더 1큰술, 어니언 파우더 1/2큰술, 소금 약간, 카레가루 1큰술, 파르미자노 레자노 치즈 10g, 식용유 6큰술을 넣어 섞어주세요.

tip. 파르미자노레자노 치즈는 약간 남겼다가 마무리에 토핑으로 올려주세요.

3. 180℃로 예열한 오븐에 30분간 구워주세요.

4. 이탤리언 파슬리 1줄기를 다진 뒤, 구운 콜리플라워를 그릇에 옮겨 담고 남은 파르미자노 레자노 치즈, 이탤리언 파슬리를 뿌리고 통후춧가루를 뿌려 마무리하세요.

1

2

3

4

✱ 7월의 네 번째 요리

# 지라시즈시

가벼운 음식이 생각나는 요즘인 것 같아요. 이럴 때 만들면 좋은 지라시즈시는 일종의 회덮밥으로 보일 수 있는데, 회만 올리는 것이 아니라 다양한 재료를 올리고, 경우에 따라서는 아예 회를 올리지 않기도 해요. 지라시(散らし)란 '흩뿌려놓는다'는 의미를 지니고 있어 말 그대로 재료를 흩뿌리듯 올리면 되기 때문이에요. 흔히 알고 있는 '찌라시'라는 단어의 어원도 지라시에서 비롯되었다고 해요. 만들기 쉬운 가정용 초밥 요리이기도 하고, 외형이 화려하기 때문에 3월 3일 여자아이들만의 어린이날과 같은 히나마쓰리(ひな祭り) 혹은 축하할 일이 생길 때 만들어 먹는 스시 중 하나라고 합니다.

지라시즈시의 매력은 맛뿐 아니라 눈으로도 함께 즐기는 데 있는 것 같아요. 색감이 다양한 재료를 균형감 있게 올려 식탁에 화려함을 더해주는 맛있는 한 그릇 요리라 색다르게 해물을 즐기고 싶을 때 특히 추천합니다. 시각적으로 아름답고, 다양한 종류의 신선한 회와 밥을 곁들여 맛뿐 아니라 식감과 풍미까지 느낄 수 있거든요. 저는 연어와 광어, 이쿠라(연어 알)를 스시스(초밥용 식초)에 절인 채소와 함께 올려 먹었어요. 맛있는 재료로만 이루어진 한 접시라 이건 사실 맛이 없을 수 없죠. 시원하고 상큼한 맛이 돋보이는 요리라 가벼운 음식이 생각나는 여름철에 정말 잘 어울려 한 숟가락 푹 떠서 와사비장 살짝 올려 먹으면 금세 한 그릇을 비울 수 있어요. 각자 입맛에 따라 다양한 재료로 만들 수 있으니 취향을 담은 한 그릇 요리로 식탁 위에 꽃을 피워보세요.

## ☑ 준비

재료

- 연어 120g
- 광어 110g
- 연어 알 25g
- 연근 120g
- 건표고버섯 8g
- 밥 360g
- 무순 적당량
- 식용유 약간

달걀물

- 달걀 2개
- 물 1큰술
- 미림 1큰술

표고조림 타레

- 간장 2+½큰술
- 맛술 2큰술
- 설탕 1큰술
- 물 200ml

스시스

- 식초 9큰술
- 설탕 4큰술
- 소금 1.2큰술(1큰술보다 조금 더 많이)

## ☑ 만들기

1. 분량의 스시스 재료를 잘 섞어주세요. 이때 설탕과 소금이 녹지 않는다면 전자레인지에 10~20초간 돌려 완전히 녹여주세요.

2. 연근 120g 중 반 정도는 두껍게 편 썰고, 나머지는 손가락 1마디 크기로 썬 뒤 끓는 물에 삶아주세요. 그런 다음 삶은 연근을 건져 볼에 넣고 스시스를 자박할 정도로 부어 중간중간 섞어가며 30분 이상 재워둡니다.

3. 물에 불려둔 표고버섯을 분량의 타레 재료와 함께 졸여주세요.

4. 달걀 2개를 체에 거른 뒤 물 1큰술, 미림 1큰술과 함께 잘 섞은 다음 식용유를 가볍게 두른 팬에 붓고 타지 않도록 신경 쓰며 지단을 부쳐주세요. 지단이 한 김 식으면 가능한 한 얇게 채 썰어주세요.

5. 밥 360g을 볼에 담은 뒤 ②의 잘게 썰어둔 연근, ③의 졸인 표고버섯과 스시스 1+½큰술과 함께 골고루 섞어주세요. 이때 간을 더 원한다면 만들어둔 스시스를 조금 더 첨가해도 좋습니다.

tip. 반으로 자른 연근은 따로 빼놓아주세요.

6. 연어와 광어를 먹기 좋은 크기로 잘라주세요.

7. 섞은 밥을 그릇에 담은 뒤 달걀 지단, 자른 연어와 광어, 연근, 무순, 연어 알을 올려 완성하세요.

1
2
3
4
5
6

✻ 7월의 다섯 번째 요리

# 컵 파스타

언제든 떠날 수 있도록 항상 준비된 피크닉 바구니를 트렁크에 넣고 다닐 만큼 저는 피크닉에 진심이에요. 떠나는 날, 여유로운 아침 햇살 속에서 가방을 싸는 것만으로도 가슴이 뛰거든요. 나무 그늘 아래 앉아 새들이 지저귀는 소리를 들으며 바람에 스치는 나뭇잎 소리에 귀 기울이는 것, 자연과 함께 조화를 이루며 바쁘게 지내던 일상에 일시 정지 버튼을 누른 듯, 일상의 소란을 잠시 벗어 던지고 삶의 단순한 즐거움을 만끽하는 시간이 너무 평화롭다고 생각해요. 바람에 실려 오는 꽃향기, 나뭇잎 사이로 스며드는 햇살을 생각하면 피크닉을 사랑하지 않을 수 없어요.

물론 두 손 가볍게 훌쩍 떠나 주문해서 먹는 것도 간편하고 좋지만 피크닉을 위해 도시락을 직접 준비하는 건 단순한 식사 이상의 의미로, 햇살 좋은 날 자연 속에서 누릴 작은 행복을 위한 준비 과정이라 생각해요. 작은 도시락 하나가 만들어내는 행복은 그 어떤 것과도 바꿀 수 없는 소중한 추억이라 생각하기에 시간만 허락한다면 소풍 갈 때 직접 한두 가지 요리라도 준비하려 노력합니다.

컵 파스타는 피크닉이나 야외 모임, 파티에 잘 어울리는 메뉴예요. 일반적인 파스타와 달리 머핀 틀 모양대로 만들기 때문에 김밥이나 유부초밥처럼 간편하게 먹을 수 있거든요. 오븐에 굽기 때문에 겉면은 바삭하면서도 속은 부드럽게 익어 맛과 식감이 풍부하고, 틀마다 취향에 따라 다른 토핑을 올리기도 좋아 색다른 소풍 메뉴로 적극 추천합니다.

## ☑ 준비

### 재료

- 파스타 면 180g
- 올리브 오일 약간
- 파르미자노 레자노 치즈 1컵
- 소금 적당량
- 오일 스프레이 적당량
- 통후춧가루 약간

### 토핑

- 토마토소스 크게 8큰술
- 피자치즈 60g
- 새우 6개
- 블랙 올리브 2개
- 방울토마토 3개
- 이탤리언 파슬리 1줄기

※ 토핑 양은 머핀 틀 사이즈에 따라 조절합니다.

## ☑ 만들기

1. 끓는 물에 소금과 파스타 면 180g을 넣고 익혀주세요(물 1L당 소금 10g).

2. 파스타 면이 익으면 면만 그릇에 건져낸 뒤 올리브 오일을 한 바퀴 둘러 섞어 식혀주세요.

3. 파르미자노 레자노 치즈 1컵을 갈아서 준비해주세요.

4. 식혀둔 면에 ③을 골고루 섞어주세요.

5. 방울토마토는 반으로 썰고, 블랙 올리브는 슬라이스해주세요.

6. 머핀 틀에 오일 스프레이를 뿌린 뒤 식혀둔 면을 담아주세요.

7. 면 위에 토마토소스, 피자치즈를 넉넉히 뿌리고 그 위에 새우와 ⑤의 방울토마토, 블랙 올리브를 올린 뒤 다시 한번 치즈와 통후춧가루를 약간 뿌려 180℃로 예열한 오븐에 20~25분간 구워주세요.

tip. 오븐 사양에 따라 시간을 조절하세요.

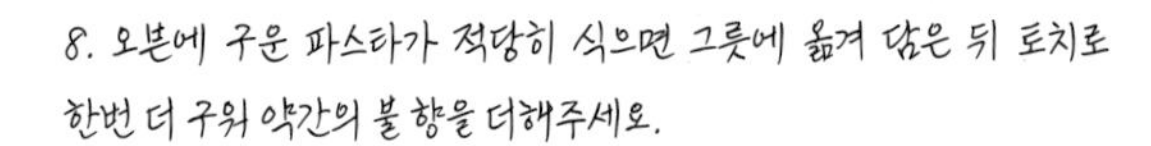

8. 오븐에 구운 파스타가 적당히 식으면 그릇에 옮겨 담은 뒤 토치로 한번 더 구워 약간의 불 향을 더해주세요.

9. 이탤리언 파슬리를 다져 파스타 위에 통후춧가루 약간과 함께 뿌려 마무리하세요.

# August

**토마토, 양파, 파프리카**

여름의 절정, 무더운 날씨 속에서 점점 가볍고 상큼한 음식을 찾게 됩니다. 토마토와 양파, 파프리카는 뜨거운 태양 빛을 받아 달콤함과 향긋함을 품죠. 토마토와 양파, 파프리카로 파스타, 수프, 비나그레치, 파르시 등 채소 각각의 장점을 살려 가급적 오븐이나 불을 적게 쓰는 방법으로 요리했어요.

✱ 8월의 첫 번째 요리

# 초리소 파스타

평소 파스타를 아주 자주 해 먹어요. 각 재료 본연의 맛이 어우러져 새로운 맛을 만들어내는 데서 기쁨을 느끼거든요. 그때그때 제철 식재료나 원하는 재료를 잔뜩 넣어 만드는 파스타는 단순한 취향을 넘어 그날의 기분과 계절에 따른 저의 이야기를 담고 있는 것 같아요.

8월은 토마토가 가장 풍부하게 출하되는 시기예요. 잘 익은 토마토는 여름 햇살과 뜨거운 태양이 주는 선물이 아닐까 싶어요. 붉게 물든 토마토의 부드러운 껍질 아래 넘치는 즙을 먹으면 폭발적인 맛과 향으로 입안이 가득 차거든요. 그래서 토마토 한입에는 여름의 기운이 그대로 녹아들어 있다고 생각합니다. 잘 익은 방울토마토와 초리소, 마늘에 향긋한 허브를 더해 뜨거운 여름의 풍성한 맛을 담았습니다.

초리소(chorizo)는 스페인에서 간식이나 식재료로 자주 먹는 샤퀴트리(charcuterie, 육가공품) 중 하나예요. 돼지고기와 돼지고기 비계, 마늘, 훈제 파프리카가루(pimenton) 등을 넣어 고소함과 매콤함, 여러 향신료의 향이 어우러져 특이한 맛과 향을 내죠. 페퍼로니와 비슷한 방식으로 만들지만 훈제 파프리카가루를 넣었다는 것이 가장 큰 차이입니다. 스페인식 파프리카가루인 피멘통은 오크나무를 이용해 훈제하기 때문에 이 과정에서 초리소 특유의 독특한 맛과 향이 생기거든요.

은은한 향신료의 향과 적당한 매콤한 맛이 매력적인 소시지라서 와인 안주로 자주 먹는 초리소는 파스타에 넣으면 매력이 폭발해요. 알싸한 마늘 향과 은은하게 매콤한 초리소의 풍미, 잘 익은 토마토의 적당한 산미와 달큰한 맛이 어우러져 언제 먹어도 제 스타일이라 집에 항상 초리소가 떨어지지 않도록 구비해둡니다.

## ☑ 준비

재료

- 파스타 면 90g
- 마늘 크게 1줌
- 방울토마토 6개
- 초리소 슬라이스 8장
- 달걀노른자 1개 분량
- 올리브 오일 약간
- 소금 약간
- 통후춧가루 약간
- 화이트 와인 1/3컵
- 치킨 스톡 1/2큰술
- 파르미자노 레자노 치즈 4g
- 이탈리언 파슬리 약간

## ☑ 만들기

1. 끓는 물에 소금을 넣고 파스타 면 90g을 삶아주세요(물 1L당 소금 10g).

2. 마늘 1줌을 편으로, 초리소 슬라이스 8장을 작은 다이스로 썬 뒤 썰어놓은 마늘을 먼저 올리브 오일 두른 팬에 볶아주세요.

3. 마늘 색이 살짝 변하기 시작하면 잘라놓은 초리소를 넣은 뒤 오일이 나오고 마늘이 노릇해질 때까지 함께 볶아주세요.

4. 마늘이 노릇해지면 화이트 와인 1/3컵을 살짝 부어 알코올을 날려주세요.

5. 70%만 익힌 면, 면수 1+1/2국자, 치킨 스톡 1/2큰술, 파르미자노 레자노 치즈 3g, 통후춧가루 약간을 넣은 뒤 골고루 섞어주세요.

6. 소스가 살짝 꾸덕해지면 4등분한 방울토마토를 넣은 뒤 빠르게 익혀주세요.

7. 그릇에 옮겨 담은 뒤 토핑을 토치로 살짝 그을려 불 향을 낸 다음 남은 파르미자노 레자노 1g, 이탈리언 파슬리와 달걀노른자를 올리고 통후춧가루를 약간 뿌려 완성하세요.

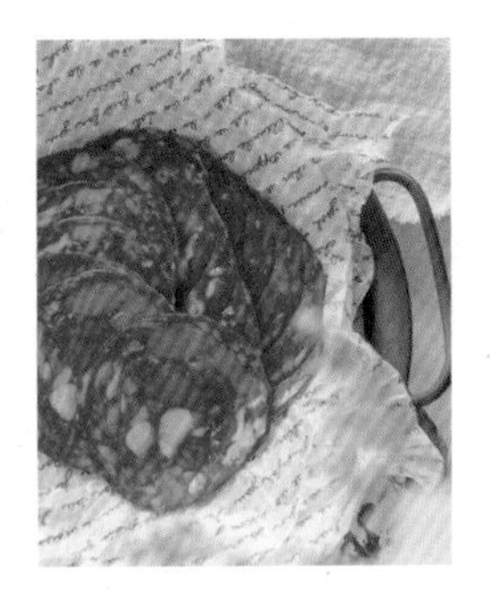

RESTAURANT
A TOUTE HEURE
2 œufs sur le plat ........ „ 60c
Salade ........ „ 25c
Fromages divers ........ „ 20c
Confitures ........ „ 20c
PAIN COMPRIS

✗ 8월의 두 번째 요리

# 어니언 수프

저는 어니언 수프가 어른의 맛 중 하나라고 생각해요. 수프라고 하면 레스토랑에서 주는 양송이 수프나 급식으로 종종 나오는 크림 수프, 간편하게 먹기 좋은 컵 수프 정도가 전부인 줄 알았거든요.

처음 어니언 수프를 접하고 마치 평양냉면을 처음 먹었을 때처럼 '이건 뭐야?' 싶었어요. 처음 먹었을 땐 별맛을 모르겠다가도 이따금 생각나고 먹고 싶어지는 맛 있잖아요. 날이 흐려 몸을 녹여줄 따뜻한 국물이 필요하고, 채소의 달큰함과 고소한 치즈 맛이 필요하다 싶을 때 한 번씩 어니언 수프가 생각나더라고요. 가끔 몸이나 마음의 컨디션이 떨어졌거나, 뜨끈한 국물 요리가 생각나는데 한식은 먹고 싶지 않은 날 만드는 요리 중 하나가 되었어요.

어니언 수프의 매력은 겉으로 느껴지는 단순함 너머에 있는 깊은 맛과 따스한 위로인 것 같습니다. 오랜 시간 동안 공들여 볶은 양파는 육수와 완벽하게 어우러져 먹는 순간마다 깊은 맛을 전해주거든요. 따뜻한 수프 한 모금이 입안을 가득 채우면 시간과 정성이 느껴지는 것 같아요. 기다림과 인내 끝에 얻은 선물처럼 양파와 육수, 치즈의 진한 맛과 빵의 고소함이 포근하게 감싸안는 듯한 기분이 들어요.

시간과 여유가 있을 때 만들기 좋은 메뉴로, 비록 시간은 제법 걸리지만 한입 먹었을 때 몸속부터 뜨끈해지는 느낌은 국밥을 먹은 것처럼 포근함을 주기 때문에 노력과 정성이 충분히 보상받는 기분을 느낄 수 있을 거예요. "Bon Appétit(맛있게 드세요)!"

☑ 준비

재료

- 양파 400g
- 소금 ¼큰술 + 약간
- 설탕 ¼큰술
- 버터 30g
- 타임 3g
- 월계수 잎(큰 것) 2장
- 화이트 와인 100ml
- 비프 스톡* 1L
- 버번위스키 60ml
- 그뤼에르 치즈 7g
- 파르미자노 레자노 치즈 4g
- 통후춧가루 약간
- 이탤리언 파슬리 1줄기
- 바게트 4조각

☑ 만들기

1. 양파 400g을 일정한 굵기로 얇게 채 썰어주세요.

2. 냄비에 버터 30g을 넣고 채 썬 양파를 넣은 뒤 소금 ¼큰술, 설탕 ¼큰술을 넣고 중약불에 캐러멜라이징해주세요.

3. 화이트 와인 100ml를 넣고 냄비에 눌어붙은 국물(퐁드)을 와인으로 녹여주세요.

tip. 디글레이징이라고 합니다. 조리 중 팬에 눌어붙어 캐러멜라이즈화한 육즙에 와인이나 육수 등의 액체를 넣고 녹여 소스를 만들 때 사용합니다.

4. 와인의 알코올이 어느 정도 날아가면 비프 스톡 1L, 소금 약간, 타임 3g, 월계수 잎 2장, 통후춧가루 약간을 넣고 뚜껑을 닫은 다음 약한 불에서 20분간 끓여주세요. 이때 타지 않도록 중간중간 저어줍니다.

5. 수프가 뭉근하게 끓으면 버번 60ml를 넣은 뒤 한소끔 끓인 다음, 간이 모자라다면 추가로 소금을 넣어주세요.

6. 바게트 빵에 그뤼에르 치즈 2g과 파르미자노 레자노 치즈 1g을 뿌려 200℃에서 8~10분 정도 구운 뒤 통후춧가루를 약간 뿌려주세요.

7. 수프를 그릇에 옮겨 담은 뒤 ⑥의 구운 바게트를 넣고 그뤼에르 치즈를 5g 정도 갈아 올린 다음 파르미자노 레자노 치즈 3g를 갈아 올려줍니다(치즈 총량은 가감할 수 있으나 그뤼에르는 구우면 늘어나는 느낌, 파르미자노는 바삭해지는 느낌이 있기 때문에 파르미자노 레자노를 나중에 갈아주세요). 그런 다음 200℃로 예열한 오븐에 넣어 치즈를 녹여주세요.

8. 토치로 마무리한 뒤 이탤리언 파슬리와 통후춧가루 약간을 뿌려 마무리하세요.

---

※ 비프 스톡 레시피 : 소뼈를 구워서 낸 기름에 당근, 양파, 대파를 토마토 페이스트와 함께 볶아낸 뒤 부케가르니와 마늘, 통후춧가루와 함께 8시간 정도 끓입니다.

tip. 만들어둔 비프 스톡이 없거나 귀찮다면 소금을 빼고 물 1L에 시판용 비프 스톡 1+½큰술을 넣어주세요. 시판용 비프 스톡은 염분이 추가되어 있으므로 조리 과정에서 소금 양을 줄여주세요.

✗ 8월의 세 번째 요리

# 그린 홍합 비나그레치

모든 계절을 사랑하지만 저는 더위에 약한 편이라 온도와 컨디션이 반비례하기 때문에 개인적으로 여름은 도전과도 같은 계절이에요. 무더위가 심해질수록 입맛도 기력도 함께 잃어 한여름엔 가급적 불 앞에 덜 서 있고, 적당한 상큼함과 산미로 입맛을 찾으려 노력하죠.

시원한 얼음 덕에 컵 밖으로 송골송골 땀을 흘리는 차가운 음료를 딸각이는 것. 에어컨이나 선풍기 바람을 쐬며 시원한 수박 한 조각 베어 무는 것. 입맛 떨어뜨리는 더위에 즐길 수 있는 '여름의 맛'을 한입 넣을 때 느끼는 기쁨은 작은 행복 중 하나인 것 같아요. 각 계절의 독특한 매력을 발견하고 작은 기쁨을 찾아가는 게 저에겐 여름을 견디는 힘인 것 같습니다.

여름의 맛 중 하나로 소개해드리고 싶은 것은 '비나그레치'라는 브라질 대표 음식이에요. 토마토, 양파, 파프리카, 고수로 상큼함을 더한 사이드 디시인데 김치처럼 음식에 곁들이는 요리로 토마토, 양파, 고추, 할라피뇨, 향신료 등으로 만드는 멕시코의 '피코 데 가요'와 비슷한 맛을 내요.

오늘 소개해드리는 홍합 비나그레치는 만들기도 간편하면서 새콤, 상큼, 아삭한 채소와 해물을 함께 즐길 수 있어 입맛을 돋우기 좋아요. 찜기에 손질한 홍합을 찔 동안 채소를 잘게 썰어 섞기만 하면 완성되는 간편한 요리이기 때문에, 여름에 가볍게 먹기 좋아요. 채소의 신선함, 고수 향을 살려주는 적당한 짭조름함과 라임의 상큼함이 돋보이는데, 갓 쪄낸 그린 홍합을 스푼 삼아 비나그레치를 듬뿍 퍼서 한입 먹으면 해산물의 진한 풍미와 토마토의 달콤함, 아삭한 채소의 상큼함이 완벽하게 어우러져 해안가를 거니는 것 같은 기분이 들거든요. 신선하고 상큼한 맛이 여름 바다의 시원한 파도를 생각나게 하죠.

## ☑ 준비

재료

- 그린 홍합(냉동) 400g
- 양파 1/2개
- 토마토 1개
- 빨간 파프리카 1/2개
- 고수(잎 부분) 5줄기

소스

- 라임즙 4큰술
- 올리브 오일 4큰술
- 소금 1/2큰술
- 설탕 1/2큰술
- 통후춧가루 약간

## ☑ 만들기

1. 깨끗이 손질하고 해동한 그린 홍합을 5분 내외로 가볍게 쪄주세요.

2. 양파와 빨간 파프리카를 잘게 다지고, 토마토는 속을 파낸 뒤 잘게 다져주세요. 그런 다음 고수 잎을 잘게 채 썰어주세요.

3. 분량의 소스 재료를 볼에 담은 뒤 거품기로 잘 섞어주세요.

4. ③에 썰어놓은 채소를 담아 골고루 섞은 뒤 ①의 홍합과 함께 냅니다.

tip. 냉장고에서 1~2시간 숙성시켜 먹으면 더욱 맛있어요.

1
2
3
4

✗ 8월의 네 번째 요리

# 여름 채소 파르시

팍시로 널리 알려진 파르시(farcie)는 프랑스 남부 지역인 프로방스를 대표하는 가정식 요리예요. 프랑스어로 '다진 고기와 채소로 속을 채우다'라는 뜻을 지니고 있습니다.

속을 파낸 채소가 그릇이 되는 요리인데 토마토 속을 파낸 뒤 채워 먹는 것이 가장 널리 알려졌지만, 파프리카, 가지, 애호박 등 겉이 단단한 채소 모두 재료가 될 수 있습니다. 온화한 날씨에서 자란 여름 채소를 주로 사용하기 때문에 여름 요리라는 이미지가 있기도 해요.

한번 소스를 만들 때 넉넉히 만들거나, 라구소스를 활용하면 오븐이 다 해줘서 특히 여름이나 요리하기 귀찮은 날 너무 좋아요. 어릴 땐 오븐 요리는 왠지 모르게 어렵다는 느낌에 거부감이 있었는데, 오븐과 친해지고 나서부터 외국 영화에서 할머니들이 왜 그렇게 오븐에서 요리를 꺼내는지 알 것 같더라고요. 온도를 맞춰서 넣기만 하면 요리가 완성된다니!

오븐에서 익은 채소 향이 달큰하게 퍼져나가면 주변 공간까지 따뜻하고 편안하게 만들어주어, 식사 시간을 더욱 기대하게 만드는 것 같습니다.

파르시는 풍성한 재료로 가득 차 있어 먹는 순간 입안에서 축제가 벌어지는 듯한 느낌이 들어요. 오븐 속에서 달큰하게 익은 채소의 즙, 고기와 토마토소스, 거기에 치즈까지 있으니 맛이 없을 수 없는 조합이기도 하죠.

## ☑ 준비

재료

- 파프리카 2개
- 가지 1개
- 피자치즈 30g
- 이탤리언 파슬리 1줄기
- 올리브 오일 약간
- 통후춧가루 약간

속 재료

- 돼지고기 150g
- 소고기 100g
- 양파 1개
- 마늘 1줌
- 소금 약간
- 통후춧가루 적당량
- 레드 와인 200ml
- 파스타소스 250ml
- 방울토마토 10개
- 로즈메리 2줄기
- 비프 스톡 ½큰술

## ☑ 만들기

1. 양파 1개, 마늘 1줌을 다진 뒤 방울토마토 10개를 반으로 잘라주세요.

2. 팬에 올리브 오일을 둘러 마늘을 볶다 색깔이 적당히 날 때 양파를 넣고, 양파가 투명해지면 돼지고기와 소고기, 소금 약간을 넣고 통후춧가루를 넉넉히 넣은 뒤 바짝 볶아주세요.

3. 고기가 익으면 자른 방울토마토와 로즈메리 2줄기, 파스타소스 250ml, 비프 스톡 ½큰술을 넣어 중약불에서 저어가며 끓이다가 소스가 졸아들 때쯤 레드 와인 200ml를 넣고 꾸덕해질 때까지 저어가며 끓여주세요.
tip. 졸인 정도에 따라 간이 부족하면 소금을 추가해 간을 더해주세요.

4. 파프리카 윗부분을 자른 뒤 속을 파내고, 가지는 반으로 잘라 숟가락으로 한 면의 속을 파내주세요.

5. 파프리카와 가지에 토마토 속을 충분히 올린 뒤 피자치즈 30g을 골고루 뿌리고 잘라놓은 채소를 뚜껑처럼 덮어주세요.

6. 180℃로 예열한 오븐에 30분간 구운 뒤 이탤리언 파슬리와 통후춧가루 약간을 뿌려 마무리하세요.

1
2
3
4
5
6

# September

**오이, 새우, 명절 요리**

여름이 끝나가는 시기지만, 아직 열기가 남아 있기도 하고 추석을 맞이해 제법 가을 냄새가 나는 달이기도 해요. 여름의 잔재, 가을과 명절의 풍성함이 함께하는 달이라 오이와 해물로 만든 가벼운 타타키와 냉라멘, 샐러드부터 푸짐한 명절 요리까지 다양하게 즐길 수 있어 입이 즐거워지는 것 같아요.

✗ 9월의 첫 번째 요리

# 해물 히야시추카

히야시추카(冷やし中華)는 차가운(히야시), 중화(추카)라는 뜻을 지닌 일본의 면 요리예요. 차갑게 식힌 중화 면에 신선한 채소와 달걀 지단, 햄 같은 다양한 토핑을 얹어 먹는데, 저는 해산물 곁들이는 걸 좋아해요.

간편함과 상쾌함이 매력인 히야시추카는 새콤하고 상큼한 타레에 골고루 얹은 다양한 토핑이 맛과 멋을 담당하죠. 그릇에 담긴 여러 색의 재료가 눈을 즐겁게 하고, 시원한 면과 싱싱한 채소의 조화는 입안 가득 신선함을 가져다줍니다.

저는 요리를 좋아하는 만큼 요리를 주제로 한 영화나 드라마 보는 것도 좋아하는데 〈심야식당〉, 〈고독한 미식가〉, 〈짱구는 못말려〉 등의 에피소드에서 여러 번 히야시추카가 나오더라고요. '히야시추카는 무슨 맛이려나' 하면서 마음속에 품고만 있던 메뉴였는데 일본 여행 중 파는 곳을 만나게 되었고, 한입 가득 넣자마자 기분 좋게 미간을 찌푸리던 그들의 심정이 이해가 가더군요. "아, 이건 진짜다!" 입맛과 기력을 가져다주는 대신 더위를 싹 가져가는 게 딱 여름과 어울리는 요리구나 싶었어요. 새콤달콤한 냉면 같은 느낌인데 중독성 강한 맛이 기분 좋게 다가오거든요. 한입 베어 물 때마다 느껴지는 면의 쫄깃함과 타레의 조화, 신선한 여러 색깔의 채소와 해산물이 여름날의 축제처럼 느껴졌습니다. 집에서 간단히 만들어 먹을 수 있는 히야시추카는 여름 끝자락에서 새콤달콤하고 시원한 면 요리를 즐기며 잠시나마 더위로부터의 탈출을 꿈꾸고 싶을 때 잘 어울리는 한 그릇 요리예요. 가볍고 상쾌한 식사가 당길 때 꼭 한번 만들어보세요.

## ☑ 준비

재료

- 중화 면 1개

고명

- 무순 15g
- 솔방울오징어 4개
- 새우 3개
- 목이버섯 3개
- 맛살 35g
- 슬라이스 햄 30g
- 방울토마토 4개
- 오이 10cm
- 통깨 약간

지단

- 달걀 2개
- 물 2큰술
- 맛소금 약간

타레

- 간장 3큰술
- 식초 3큰술
- 물 3큰술
- 설탕 2큰술
- 참기름 1큰술
- 참치액 ½큰술
- 일본 라유 ½큰술

## ☑ 만들기

1. 끓는 물에 새우와 솔방울오징어, 목이버섯을 넣고 삶아주세요. 목이버섯, 오징어, 새우 순으로 빨리 익는 재료를 꺼내 식힙니다.

2. 달걀을 볼에 깨 넣고 체에 밭쳐 알끈을 제거해주세요.

3. 알끈을 제거한 달걀에 물 2큰술, 맛소금 약간을 넣고 잘 풀어준 뒤 지단을 부쳐주세요.

4. 지단과 오이, 슬라이스 햄을 얇게 채 썰어주세요. 솔방울오징어와 목이버섯은 손가락 굵기로 썰고, 맛살은 잘게 찢어주세요.

5. 끓는 물에 중화 면을 삶은 뒤 찬물에 전분 기가 나오지 않을 때까지 씻고 체에 밭쳐 물기를 빼주세요.

6. 분량의 재료를 섞어 타레를 만들어주세요.

7. 방울토마토를 세로로 썬 뒤 그릇에 면을 올리고 고명을 얹어주세요. 그릇 밑에 타레를 뿌린 뒤 통깨를 부숴 올려 마무리하세요.

✗ 9월의 두 번째 요리

# 슈림프 허니 갈릭 살사

이미 느끼셨을 거라 생각되지만, 저는 식도락을 정말 중요하게 생각하는 사람이에요. 먹는 즐거움은 단순히 배고픔을 해결하는 것을 넘어, 오감까지 만족시키거든요. 부엌을 가득 채우는 요리 만드는 경쾌한 소리와 다채로운 색감의 음식은 맛있는 향기로 코끝을 자극하고, 다양한 텍스처로 입안을 기쁘게 하죠.

일이 많을 때는 물론 접시에 덜어 컴퓨터 앞에서 먹거나, 배달 혹은 HMR(가정 간편식)도 먹게 되지만 시간 여유가 있으면 나를 돌보는 식사를 하려고 노력하는 편이에요. 접시 위에 담긴 음식은 '내가 내 몸을 어떻게 돌보고 있는가'를 반영한다고 생각하기에, 바쁜 일상에서도 가급적 잠시 멈춰 저를 위해 정성껏 음식을 준비해 먹고 있어요. 저에겐 스스로를 돌보는 중요한 시간이거든요.

정통 살사에 약간의 변주를 줘 부담이 덜해 가벼운 음식이 생각날 때 허니 갈릭 살사를 꽤 자주 해 먹어요. 평소 대부분 집에 떨어지지 않게 갖추어두는 재료들이라 만드는 법은 간단하지만 먹을 때만큼은 깔끔하고 깨끗하게 몸이 채워지는 것 같은 기분이 들거든요.

엄연히 따지자면 살사는 소스에 속하지만 채소가 많아 샐러드처럼 즐기곤 해요. 허니 갈릭 살사는 새우의 탱글한 감칠맛과 살사의 신선하면서도 상큼한 맛이 꿀과 마늘 향과 함께 어우러져 강하지 않고 부담 없이 먹을 수 있어요. 숟가락으로 한가득 퍼서 샐러드처럼 즐기는 것도, 나초 칩이나 바삭하게 구운 바게트에 잔뜩 올려 먹는 것도 잘 어울리니 함께 곁들여 먹어보세요.

## ☑ 준비

재료

- 병아리콩 25g
- 양파(작은 것) ½개
- 고수 30g
- 방울토마토 8개
- 새우 100g
- 슈레드 치즈 ½줌
- 식용유 적당량
- 올리브 오일 3큰술
- 꿀 1큰술
- 화이트 와인 비니거 1큰술
- 소금 약간
- 통후춧가루 적당량
- 마늘 1톨

## ☑ 만들기

1. 반나절 정도 불려놓은 병아리콩에 2배 분량의 물을 넣고 끓기 시작하면 중약불에서 20분간 삶은 뒤 불을 끄고 5분간 둔 다음 체에 걸러 물기를 빼주세요.

tip. 불리는 시간이 긴 편이니 잠들기 전 담가서 불리는 것도 좋은 방법입니다. 콩을 삶으면서 생기는 거품은 제거하고, 물이 넘치려 할 때 물을 1컵 정도 더 넣어 끓이는 것도 좋습니다.

2. 양파를 큐브 형태로 썬 뒤 물에 담가 매운맛을 빼주세요. 방울토마토는 4등분하고, 고수 잎만 듬성듬성 썰어주세요.

3. 마늘을 다진 뒤 올리브 오일 3큰술, 화이트 와인 비니거 1큰술, 소금 약간, 꿀 1큰술, 통후춧가루 약간과 섞어 소스를 만들어주세요.

4. 새우 100g에 소금 약간을 넣고 통후춧가루를 넉넉하게 뿌려 식용유를 두른 팬에 볶아낸 뒤 토치로 불 맛을 내주세요.

5. 물에서 건져낸 양파와 방울토마토, 고수, 새우와 삶아놓은 병아리콩, 소스를 한데 모아 골고루 섞어주세요.

6. 그릇에 요리를 옮겨 담은 후 슈레드 치즈를 뿌려 마무리하세요.

tip. 구운 바게트나 토르티야와 곁들여 먹으면 잘 어울려요.

✗ 9월의 세 번째 요리

# 파이황과(오이탕탕이)

중국에서 살던 때가 있었어요. 지금은 중국 음식을 좋아하기도 하고, 일부러 찾아 먹기도 하지만 처음 중국에 가서 지낼 때는 음식이 입에 맞지 않아 어려움이 많았어요. 중국 음식이라고 하면 짜장면, 짬뽕과 탕수육밖에 모를 나이여서 그랬는지 모르겠지만 막상 도착해서 실제로 먹게 된 음식은 제가 알던 것과 사뭇 다르더라고요. 향신료도, 기름진 음식도 어렵게만 느껴져 몇 주간 제대로 먹을 수 있는 음식이라곤 죽과 밀크티뿐이었어요. 낯선 중국 음식과 친해지던 시기에 지인의 소개로 파이황과를 알게 되었고, 입맛에 잘 맞았던 터라 지금까지 중국 요리를 먹으러 갈 때면 8할은 꼭 시키는 메뉴가 되었습니다. 특히 현지인이 운영하는 중식당에서는 무조건 시켜 먹어요. 입안을 개운하게 씻어줄 때 최고거든요.

파이황과는 중국식 오이무침으로, 한국에서는 오이탕탕이로 유명합니다. 두드린다는 뜻의 '파이(拍)'와 오이를 뜻하는 '황과(黃瓜)'가 합쳐져 말 그대로 방망이나 칼등으로 내리쳐 적당히 으깬 오이를 주재료로 만든 가벼운 오이무침입니다. 저는 라유 베이스를 넣지 않고, 고추의 매운맛만 깔끔하게 첨가한 파이황과를 특히 좋아해요. 신선하고 아삭한 오이와 향긋한 참기름, 그리고 마늘과 고추, 식초의 강렬한 조화가 느끼하거나 입맛이 없을 때 식욕을 돋우는 데 일등 공신이거든요.

중식을 먹을 때 파이황과를 곁들이면 새콤달콤하게 무친 오이의 향긋함에 고추의 매콤함과 알싸함이 더해져 일반적으로 곁들이는 단무지나 짜사이보다 훨씬 더 잘 어울려 만족감 있게 먹을 수 있을 거예요. 밥과 함께 먹어도 매력적이고 가볍게 샐러드처럼 즐기기도 좋으니 오이를 좋아하는 분들은 꼭 한번 도전해보시길!

## ☑ 준비

재료

- 오이 2개
- 소금 약간

소스

- 프릭키누 1개

※ 홍고추 1/3개로 대체 가능

- 마늘(작은 것) 3톨
- 소금 1/3큰술
- 설탕 2큰술
- 통깨 4큰술

## ☑ 만들기

1. 굵은소금으로 문질러 씻은 오이를 밀대나 병 등으로 두드려주세요.

2. 두드린 오이는 씨 부분을 털어내고 대각선으로 썬 뒤 볼에 담아 소금 약간과 함께 버무려 30분간 방치해 물기를 뺍니다.

tip. 이 과정을 건너뛰면 오이에서 물이 나와 간이 계속 달라지기 때문에 시간이 걸리더라도 꼭 해야 해요.

3. 마늘을 잘게 다진 뒤 프릭키누를 썰어주세요.

tip. 홍고추로 대체 시 1/3개를 반으로 갈라 썰어줍니다.

4. 통깨 4큰술을 갈아주세요. 완전히 갈 필요 없이 반 정도 갈아 고소함과 톡톡 씹히는 식감을 줍니다.

5. ②의 오이에 물기가 빠지면 가볍게 짜내고 물기를 모두 따라낸 뒤 썰어놓은 프릭키누와 마늘, 소금 1/3큰술, 설탕 2큰술, ④의 통깨와 함께 버무려 냅니다.

1

2

3

4

5

✗ 9월의 네 번째 요리

# 이북식 소고기 가지찜

저희 할아버지께서 이북에서 내려오셔서 어릴 때부터 온반이나 만두, 꿩 냉면 등 이북 음식을 종종 접했습니다. 담백하고 슴슴한 맛이 아직도 추억처럼 남아 있어요. 간결하고 깊은 맛에 은은함을 추구하는 느낌을 즐기는 편은 아니지만 한 번씩은 생각나더라고요.

소고기 가지찜은 기름기 없이 쪄내 담백하면서 포만감과 영양감 가득하게 즐길 수 있고, 간단하게 한입 거리 술안주로, 밥반찬이나 손님 초대 요리로도 잘 어울려요(돼지고기나 닭고기로 만들기도 해요).

이북식 소고기 가지찜은 가지의 부드러움과 소고기의 깊은 풍미가 어우러져 깊고 진한 맛이 특징이에요. 고소한 고기에 칼칼한 고추 맛이 깔끔하고 맵싸하게 다가오는 요리로, 보통 오이소박이처럼 크게 반으로 갈라 냄비에 조리듯 만들지만, 저는 세로로 세우듯 깔끔하게 쪄내는 게 고기의 육즙이 가지에 배어들어 더 좋더라고요. 만두처럼 하나씩 쏙쏙 집어 먹는 재미도 있고요. 담백한 맛이 좋아 탄수화물을 줄이는 식단을 할 때 별식처럼 만들어 먹곤 해요.

명절 때 어중간하게 남은 고기 반죽을 활용해도 별미처럼 즐길 수 있는데, 기름기가 약간은 있어야 부드러운 풍미가 느껴지기 때문에 가급적 기름기가 있는 부분을 사용하는 게 좋고, 소고기와 돼지고기를 섞어 만들어도 부드러움이 더해지니 취향에 따라 적당한 비율로 조절해서 만들어도 좋아요.

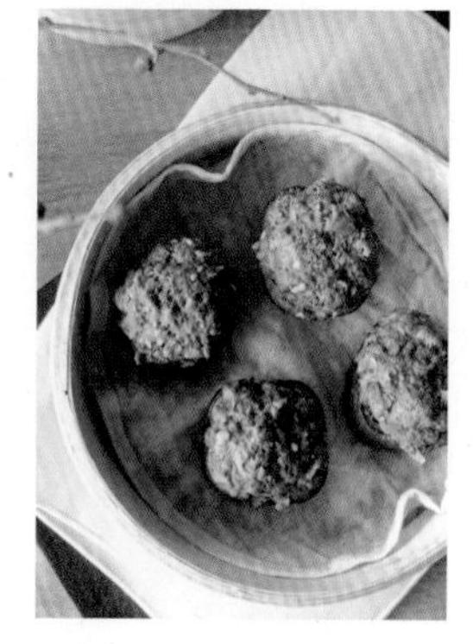

☑ 준비

재료

- 다진 소고기 300g
- 가지 2개
- 양파 ½개
- 마늘 7톨
- 청양고추 2개
- 쪽파 6줄기
- 소금 적당량

양념

- 옥수수 전분 5큰술
- 간장 3큰술
- 굴소스 2큰술
- 참기름 2큰술
- 고춧가루 2큰술
- 설탕 1큰술
- 생강가루 ¼큰술
- 통후춧가루 약간

☑ 만들기

1. 양파와 마늘, 청양고추, 쪽파 뿌리 부분은 듬성듬성 잘라낸 뒤 초퍼로 다져주세요. 쪽파의 초록 잎 줄기 부분은 따로 잘게 썰어줍니다.

2. 다진 소고기와 ①의 채소와 쪽파, 분량의 양념 재료를 볼에 담아 잘 섞어주세요.

3. 가지를 3~4cm 크기로 자른 뒤 십자로 칼집을 내고 소금 적당량을 뿌려 20~30분간 절인 뒤 물기를 가볍게 짜주세요.

4. 칼집을 낸 뒤 가지 사이에 ②의 고기 소를 소복이 얹어주세요.

5. 찜기에 가지를 넣고 끓는 물에서 25분간 쪄낸 뒤, 취향에 따라 파를 넣은 초간장을 곁들여 냅니다.

# October

**시금치, 땅콩호박, 오렌지, 고구마**

가을의 풍성함이 가득한 시금치와 땅콩호박은 대표적인 가을 채소로, 요리로 만들면 맛이 한층 더 깊어집니다. 달큰한 땅콩호박으로 만든 일본식 수프인 스리나가시, 리코타와 시금치로 속을 채운 콘킬리에, 오렌지의 상큼한 향을 품은 풍미 깊은 닭 요리, 추수감사절을 맞이해 가족과 나누는 고구마 파이는 마음까지 풍요롭게 만들어줍니다.

✱ 10월의 첫 번째 요리

# 스터프드 셸 파스타
## (시금치 리코타 콘킬리오니)

콘킬리오니는 듀럼밀로 만든 이탈리아의 파스타예요. 이탈리아어에서 바다조개를 의미하는 콘킬리아(conchìglia)에서 유래한 소라 껍데기 모양의 쇼트 파스타로 가장 작은 사이즈는 콘킬리에테(conchìgliette), 일반적인 사이즈는 콘킬리에(conchìglie), 가장 큰 사이즈는 콘킬리오니(conchìglioni)로 불립니다. 콘킬리오니는 면을 삶은 후 조개껍질처럼 생긴 면 사이에 만두처럼 소를 채워 넣는 용도로 사용해요.

이번에 콘킬리오니를 채운 필링의 주재료 중 하나인 시금치는 이제는 사시사철 나오는 식재료지만, 날이 추워질수록 더욱 맛있어지기 때문에 가을에서 초겨울로 넘어가면서부터 특히 즐겨 먹는 채소예요.

스터프드 셸 파스타는 콘킬리오니 파스타에 소테한 시금치와 리코타 필링을 넣어 토마토소스와 함께 구워내 오븐에 구운 요리로, 만드는 데 조금 손이 가긴 하지만 한번 맛보면 이따금 만들어 먹게 될 거예요. 특히 손님 초대 요리나 집들이 요리로 추천하는데, 한번에 대량으로 만들 수 있고, 모양새가 보기 좋거든요.

시금치 소테의 달콤하고 부드러운 맛과 치즈의 고소하고 리치한 맛을 토마토소스와 선드라이드 토마토가 잡아주고, 토마토의 산미를 시금치, 리코타 치즈가 잡아줘서 같이 먹을 때 밸런스가 좋고 풍미를 꽉 잡아줍니다. 일반적으로는 속을 채운 파스타에 모차렐라 치즈를 뿌리거나 토마토소스를 끼얹어 오븐에 굽지만 선드라이 토마토를 얹고 가볍게 치즈를 갈아 제 취향에 맞춰 준비했습니다.

☑ 준비

재료

- 콘킬리오니 10개

※ 끓이는 도중 모양이 부서지는 경우가 많으니 16~18개 정도 넉넉히 삶아주세요.

- 소금 적당량
- 토마토소스 300g
- 양파(중간 크기) ½개
- 물 ½컵
- 페코리노 로마노 치즈 약간
- 이탤리언 파슬리 약간
- 선드라이드 토마토 20개
- 통후춧가루 약간
- 올리브 오일 약간

필링

- 리코타 치즈 200g
- 시금치 100g
- 마늘 1줌
- 버터 15g
- 소금 약간
- 파르미자노 레자노 치즈(간 것) 2큰술

※ 치즈에 따라 염분이 다를 수 있어 모든 재료를 섞은 뒤 소금을 더해 간을 맞춰주세요.

- 너트메그 약간
- 통후춧가루 약간
- 달걀 1개

☑ 만들기

1. 깨끗이 씻은 시금치를 손가락 1.5마디 길이로 썰어주세요.

2. 마늘 1줌을 잘게 다진 뒤 버터 15g과 함께 볶아주세요. 그런 다음 썰어둔 시금치와 소금 약간, 통후춧가루 약간을 넣고 시금치의 숨이 죽을 정도로 볶은 뒤 볼에 옮겨 담고 한 김 식힙니다.

3. 끓는 물에 소금을 넣고 콘킬리오니를 넣고 삶아주세요.

tip. 면수는 물 1L당 소금 10g을 기본으로 합니다. 이때 콘킬리오니를 익히는 정도는 브랜드에 따라 다르니 봉투에서 삶는 시간을 확인하세요.

4. 리코타 치즈 200g, ②의 볶아둔 시금치, 간 파르미자노 레자노 2큰술, 너트메그 약간, 통후춧가루 약간, 달걀 1개를 넣고 섞어주세요.

tip. 이때 간을 보고 소금을 넣어 조절해주세요. 토마토소스와 곁들이기 때문에 간이 짜지지 않도록 주의해야 합니다.

5. 콘킬리오니 면이 익으면 채반에 걸러 물기를 제거한 뒤 ④에서 만들어놓은 필링을 면에 채워 넣고 선드라이드 토마토를 얹어주세요.

6. 양파 ½개를 굵게 다진 뒤 올리브 오일 두른 팬에 볶은 다음, 투명해지면 토마토소스 300g과 물 ½컵을 넣은 뒤 소스가 끓고 어느 정도 졸아들면 불을 끕니다.

7. 소스에 ⑤를 가지런히 넣은 뒤 180℃로 예열한 오븐에서 20분간 구워주세요. 마무리로 페코리노 로마노 치즈와 통후춧가루 약간을 뿌린 뒤 이탤리언 파슬리를 뿌려 마무리해주세요.

LODGE

✗ 10월의 두 번째 요리

# 버번 오렌지 로스트 치킨

저는 요리로 만들 때 오렌지의 진가가 발휘된다고 생각해요. 상큼하면서도 달달한 향이 나는 오렌지즙과 오렌지 껍질을 넣으면 음식의 풍미가 확 살아나거든요. 개인적으로 좋아하는 요리 중 하나는 아메리칸 차이니스로 유명한 오렌지 치킨이에요.

오렌지 치킨은 원래 탕수육처럼 튀김옷을 입힌 닭에 소스를 입히는 방식이에요. 시트러스하면서도 달콤한 소스의 맛이 기분 좋게 다가오고 향긋함이 제 입에 잘 맞아 자주 만들어 먹곤 했는데 어느 날인가부터 튀김옷이 부담스러워지더라고요. 좋아하는 맛을 포기하기 아쉬워 튀김옷을 없앤 뒤 오븐에 구워보았고, 조금씩 제 취향을 더하고 빼다 보니 버번 오렌지 로스트 치킨은 어느새 저희 가족이 좋아하는 메뉴로 자리 잡았습니다. 아메리칸 차이니스 음식점에서 먹던 오렌지 치킨과는 사뭇 다른 맛과 모양이 되었지만, 취향을 반영해서 요리할 수 있는 게 집밥의 매력 아니겠어요? 무엇보다 오븐을 활용해 요리하기 때문에 불 앞에 있는 시간이 줄어들고, 오븐이 알아서 조리해줘 번거로움도 줄고, 심지어 맛도 좋으니 애착을 가질 수밖에 없죠.

오븐에 구워낸 닭과 닭 기름으로 구운 채소는 소스와 시너지가 좋아 먹는 내내 농밀한 감칠맛이 느껴져요. 요리용 술로 청주나 미림, 와인을 많이 사용하지만 저는 위스키도 훌륭한 대안이라 생각합니다. 실제로 해외에서는 위스키를 소스나 베이킹 등에 다양하게 활용하는데, 특유의 향이 고기와 잘 어울려서 소스가 한층 업그레이드되는 것 같은 느낌이거든요.

오렌지의 상큼하면서 달달한 향과 버번위스키의 달콤하면서 은은한 풍미가 더해져 식사나 술안주로도 잘 어울리고, 만들어놓고 나면 풍성한 느낌이 들어 손님 초대 요리로도 추천합니다.

## ☑ 준비

재료

- 닭볶음용 닭 1kg
- 방울토마토 8개
- 옥수수 1개
- 그린 빈 10개

※ 브로콜리로 대체 가능

- 타임 7줄기
- 소금 약간
- 통후춧가루 약간
- 오렌지 껍질 약간

소스

- 오렌지즙 2개 분량
- 버번위스키 4큰술
- 간장 4큰술
- 화이트 와인 비니거 4큰술
- 꿀 2큰술
- 설탕 45g
- 간 생강 ½큰술
- 마늘 1줌
- 프릭키누 고추 2개

※ 홍고추 ½개로 대체 가능

## ☑ 만들기

1. 마늘과 프릭키누 고추(홍고추로 대체 가능)를 잘게 다져주세요.

2. 볼에 다진 마늘과 프릭키누 고추를 넣은 뒤 나머지 분량의 소스 재료를 넣고 섞어주세요.

3. 소금과 통후춧가루로 가볍게 밑간해둔 닭볶음탕용 닭 1kg을 소스에 최소 2시간 정도 재워주세요. 시간이 허락한다면 하루 동안 재워놓으면 맛이 더욱 잘 배어납니다.

4. 오븐용 팬에 절여놓은 닭고기와 4등분한 옥수수, 방울토마토, 그린 빈을 소스에 버무린 뒤 타임을 얹어 180℃로 예열한 오븐에서 30분간 굽고, 닭과 채소를 중간에 한번 뒤집어 35~40분간 노릇해질 때까지 추가로 구워주세요.

5. 닭이 익으면 오븐에서 꺼낸 뒤 깨끗하게 씻은 오렌지 껍질을 갈아 제스트로 향을 더한 다음 취향에 따라 통후춧가루를 추가로 넣어주세요.

✗ 10월의 세 번째 요리

# 고구마 캐서롤

한국에 추석이 있다면, 미국에는 추수감사절이 있습니다. 한국을 비롯한 아시아에서 수확 시기인 추석은 주요한 명절 중 하나이기 때문에 조금 이르지만 추수감사절에 관련된 음식 이야기를 해볼까 해요. 추수감사절은 미국으로 이주한 유럽의 청도교인들이 신대륙에 무사히 정착하고 살아남아 거둔 첫 수확을 감사한 것에서 유래되었다고 합니다.

추수감사절의 꽃은 땡스기빙 디너(thanksgiving dinner)로, 가족이나 친한 지인과 식사하고 서로 먹을 것을 나누며 감사한 일을 이야기하는데, 추석에 송편과 햇과일이 빠지지 않는 것처럼 식사 때 캐서롤을 먹는다고 해요.

처음 고구마 캐서롤을 알게 된 건 몇 년 전 일이에요. 저희 집은 농지에서 농작물을 자주 배달시켜 먹는데, 그날따라 주문했던 고구마가 너무 맛있어 다음에 또 시켜 먹자는 이야기를 하고 고구마에 대한 기억이 잊힐 때쯤, 고구마 10kg이 또 배달 왔어요. 그날부터 저와 고구마의 전쟁이 시작되었습니다. 고구마 밥, 군고구마, 고구마 찜, 고구마 전, 고구마 샐러드, 고구마 빵, 고구마 라테 등 아무리 먹어도 줄지 않아 지금은 고구마를 크게 즐기지 않게 되었지만, 이때 알게 된 고구마 캐서롤은 부드럽고 달콤한 맛이 생각나 종종 해 먹어요. 달콤하고 부드러운 고구마 무스처럼 만들어, 피칸 크럼블을 올려 구워내면 고소함과 피칸의 식감이 더해져 날씨가 쌀쌀해질 무렵에 정말 잘 어울리거든요.

고구마 캐서롤은 마시멜로를 올려 굽기도 하는데, 피칸 크럼블 대신 마시멜로를 올려 구우면 달고나 같은 맛이 더해지니, 단 음식을 즐기거나 또 다른 달콤함을 원하는 분들은 마시멜로를 넣어 구워도 좋습니다.

## ☑ 준비

재료

- 고구마 1kg
- 설탕 2/3컵
- 중력분 1/2컵
- 쿠킹 크림 1/2컵
- 버터 4큰술
- 달걀 2개
- 너트메그 1/2큰술
- 바닐라 익스트랙트 1작은술
- 소금 약간
- 계핏가루 취향껏
- 레몬 제스트 1개 분량

토핑

- 피칸 1컵
- 황설탕 2/3컵

※ 고구마의 당도에 따라 설탕량 조절

- 중력분 1컵
- 녹인 버터 7큰술
- 계핏가루 취향껏
- 소금 약간

## ☑ 만들기

1. 고구마는 깨끗이 씻은 뒤 200℃로 예열한 오븐에 20분간 구운 다음 한번 뒤집어 35~40분간 추가로 구워주세요.

tip. 고구마를 삶는 것보다 구워야 더욱 달콤하고 응축된 맛을 즐길 수 있어요. 고구마의 크기에 따라 굽는 시간이 다르니 젓가락으로 눌러 확인하세요.

2. 고구마가 익으면 껍질을 까서 스메셔로 으깬 뒤 중력분 1/2컵, 설탕 2/3컵, 쿠킹 크림 1/2컵, 버터 4큰술, 너트메그 1/2큰술, 바닐라 익스트랙트 1작은술, 소금 약간, 레몬 제스트 1개 분량을 넣고 계핏가루를 취향껏 뿌린 뒤 잘 섞어주세요.

3. 달걀 2개를 넣고 모든 재료가 합쳐질 때까지 골고루 섞어주세요.

4. 피칸 1컵을 러프하게 다진 뒤 또 다른 볼에 황설탕 2/3컵, 중력분 1컵, 녹인 버터 7큰술, 소금 약간, 계핏가루 취향껏을 함께 넣고 골고루 섞어 토핑을 만들어주세요.

tip. 설탕량은 고구마의 당도에 따라 조절하세요.

5. 오븐용 용기에 섞어놓은 고구마 반죽을 넣은 뒤 ④에서 만들어둔 토핑을 올리고 180℃로 예열한 오븐에 30분간 구워 완성하세요.

1

2

3

4

5

✳ 10월의 네 번째 요리

# 땅콩호박 스리나가시

가끔 유년 시절 할머니께서 해주시던 음식과 비슷한 요리를 하면 많은 생각이 스쳐 가는 것 같아요. 어릴 때 할머니 댁이 가까워 할머니와 시간을 자주 보냈어요. 그때 자주 해주시던 음식 중 하나가 호박죽인데, 노랗게 잘 익은 호박을 반으로 잘라 할머니와 함께 속을 박박 긁어내면 할머니는 깨끗이 씻어 볶아두었다가 이불 밑 아랫목에 두었던 호박씨를 까서 간식처럼 주셨어요. 씨를 잘 긁어낸 호박을 모락모락 찌고 호박죽을 끓일 동안 할머니와 누가 더 동그랗고 예쁘게 새알을 만드는지 시합하기도 하고요. 어릴 때는 새알 동동 떠다니는 호박죽이 어쩜 그리 맛있는지, 제가 아주 좋아하고 맛있게 먹어서 할머니께선 꽤 자주 호박죽을 끓여주셨어요. 그렇게 유년 시절 할머니와 함께 호박죽을 만들어 먹으며 깔깔 웃던 제가 커서 땅콩호박으로 스리나가시를 만들고 있으니 만감이 교차합니다.

스리나가시는 일본 전통 요리 중 하나로, 한 가지 재료를 갈아 만든 걸쭉한 수프 같은 요리예요. 일식 정찬이나 가이세키에 단골로 등장하는 국물 요리인데, 가정에서 쉽게 만들 수 있는 심플한 방법으로 곤부다시(다시마 국물), 가쓰오다시(가다랑어 국물), 쇼진다시(채수) 같은 국물을 기본으로 해 제철에 나오는 채소로 재료 본연의 맛을 살려 만드는 방법이 있어요. 스리나가시를 만들 때 함께 사용한 땅콩호박은 버터넛 스쿼시(butternut squash)라 불리는데, 달달하면서도 버터처럼 매끄럽고 견과류처럼 고소한 맛이 나서 해외에선 수프, 볶음 등 다양한 요리에 활용해요. 땅콩과 비슷한 생김새로, 이른 가을부터 나오는데, 아침저녁으로 바람이 차갑고 코끝이 시려지는 시기에 땅콩호박으로 따뜻한 스리나가시 한 그릇 만들어 먹으면 속이 편안한 느낌에 마음까지 포근해져서 참 좋아요.

## ☑ 준비

재료

- 땅콩호박 1개
- 우엉 1개(20cm)
- 식용유 약간
- 쿠킹 크림 8큰술
- 식용 꽃 약간
- 소금 약간

곤부다시

- 물 1L
- 다시마 20g

## ☑ 만들기

1. 다시마 겉면에 붙은 하얀색 염분을 마른행주 혹은 키친타월로 닦아낸 뒤, 물 1L에 다시마 20g을 넣고 중간 불에서 끓여주세요. 물에 기포가 올라오면 아주 약한 불로 줄인 뒤 8분간 끓인 다음 불을 끈 채로 다시마와 함께 하룻밤 동안 두었다가, 다음 날 다시마를 건져주세요.

2. 땅콩호박을 반으로 가른 뒤 씨앗을 파내세요.

3. 씨앗 파낸 호박을 적당한 크기로 자른 뒤 끓는 물에 삶고 볼에 담아 한 김 식혀주세요.

tip. 잘라낸 크기에 따라 익는 속도가 다르기 때문에 중약불에서 10분 정도 삶은 뒤 젓가락으로 찔러봐서 덜 익었다면 시간을 조금 더 연장합니다.

4. 깨끗이 씻어 껍질을 벗긴 20cm 정도 길이의 우엉을 필러로 돌려가며 껍질을 벗기듯 얇게 썰어주세요.

5. 우엉에 소금을 약간 뿌린 다음 5~10분 뒤 빠져나온 수분을 가볍게 눌러 제거합니다.

6. 우엉을 테니스공만 한 크기로 뭉쳐 170℃ 정도의 기름에 넣어 황금빛이 날 때까지 튀긴 뒤 한 김 식혀주세요. 이때 우엉의 두께가 얇아 색이 빨리 나니 주의하세요.

7. ③에서 한 김 식힌 땅콩호박을 껍질과 분리한 뒤 블렌더에 넣고 곤부다시 4큰술, 쿠킹 크림 8큰술, 소금 약간을 넣고 갈아주세요. 곱게 갈리지 않는다면 촘촘한 채반에 걸러 입자를 곱게 해주세요.

8. 냄비에 ⑦의 스리나가시와 곤부다시 300ml를 중약불에서 끓여 수프의 농도가 될 때까지 졸이고 소금으로 약간의 간을 더해주세요. 그릇에 스리나가시를 담고 우엉 튀김을 올린 뒤 식용 꽃을 올려 마무리하세요.

tip. 졸이는 과정에서 냄비 바닥에 눌어붙지 않도록 중간중간 저어줍니다.

1
2
3
4
5
6
7
8
STAUB

# November

**따뜻한 국물 요리, 가리비, 매생이**

11월은 차가운 바람이 불기 시작하면서 따뜻한 음식이 더욱 생각나는 시기입니다. 따끈한 국물 요리는 겨울에 그 무엇보다도 큰 위로를 주는 음식이죠. 그런 의미에서 날이 추워지면 한 번씩은 만들어 먹는 스키야키와 신선한 해산물의 단맛을 느낄 수 있는 가리비 청증선패, 매생이의 독특한 향과 식감을 살린 크림 파스타는 겨울의 시작을 알리는 요리입니다.

✗ 11월의 첫 번째 요리

# 스키야키

겨울이 다가오면 생각나는 음식 중 하나가 스키야키입니다. 성인이 된 후 매년 한 번씩 날이 추워질 때 겨울 영화를 보며 냄비 요리와 따끈하게 데운 정종을 먹곤 해요. 냄비 요리에 곁들이는 따뜻한 정종은 궁합이 좋아 몸뿐 아니라 마음까지 편안해지게 해주는 듯한 기분이 듭니다. 재료를 식탁 위에 두고 천천히 구워가며 먹는 냄비 요리인 만큼, 재료가 익기를 기다리며 상대방과 대화를 나누고 먹는 즐거움까지 함께하니 더더욱 좋아하게 된 것 같아요.

많은 냄비 요리가 있지만 그중 제가 일등으로 치는 냄비 요리는 스키야키예요. 지금은 나베도 좋아하지만, 좋아하는 재료를 골라서 한번 저은 신선한 달걀과 함께 먹는다는 점이 마음에 들더라고요. 사실 조금은 유치하지만 뷔페처럼 고기 위주로 골라 먹을 수 있어 특히 매력적이었던 것 같아요.

스키야키는 얇게 저민 소고기와 파, 쑥갓 등 여러 재료를 간장으로 맛을 내 먹는 일본의 냄비 요리예요. 일본 사람들이 손님 접대용 음식으로 조리하기 때문에 영화나 드라마로 많이 접했을 거예요.

일반적으로 스키야키는 간토(관동)풍과 간사이(관서)풍, 두 가지 방식이 있는데 간토풍은 철 냄비에 소기름을 녹인 후 소고기를 구울 때 설탕을 뿌리고, 녹으면 연간장과 미림, 술, 다시마 등을 넣어 즉석에서 간하고, 간사이풍은 미리 진간장 베이스로 만들어놓은 타레(엄밀히 말하면 스키야키의 소스는 와리시타라고 부릅니다)를 뿌려가며 익힙니다. 달콤 짭조름하게 간이 배어든 고기와 채소, 두부, 곤약 등을 노른자에 찍어 먹으면 부드럽고 고소한 맛이 배가되어 온 가족이 식사로 먹기도 좋고, 추워진 날씨에 정종과 함께 페어링하기 좋은 메뉴라 장담합니다.

## ☑ 준비

재료

- 소고기 400g
- 배추 4장
- 말이 곤약 100g (½팩)
- 쑥갓 1줌
- 대파(흰 부분) 2대 분량
- 두부 ¼모
- 팽이버섯 1줌
- 느타리버섯 1줌
- 표고버섯 1개
- 두태(소고기 지방) 1큰술
- 식초 약간
- 달걀 1개

※ 소스가 넉넉하니 재료는 취향에 따라 가감해도 좋습니다.

스키야키 타레(와리시타)

- 진간장 80ml
- 미림 100ml
- 물 100ml
- 청주 50ml
- 설탕 2+½큰술

## ☑ 만들기

1. 미림 100ml와 청주 50ml를 끓여 알코올을 날려주세요.

2. ①에 진간장 80ml와 물 100ml, 설탕 2+½큰술을 넣고 끓여 스키야키 타레를 완성해주세요.

tip. 설탕을 완전히 녹이고 난 후 중약불에서 30초~1분가량 가볍게 끓여주세요.

3. 물에 식초를 약간 넣고 끓기 시작하면 말이 곤약을 가볍게 데쳐 건져내주세요.

tip. 이 과정에서 곤약의 쿰쿰한 향이 날아갑니다.

4. 배추와 쑥갓, 대파를 먹기 좋은 크기로 썰어주세요. 대파는 껍질을 한 겹 벗겨 어슷 썰고, 배추는 줄기와 잎을 함께 자르거나 취향에 따라 몸통과 잎을 분리해 썰어도 좋습니다.

5. 두부 ¼모를 토치로 모든 면을 구워 불 향을 입혀주세요.

6. 냄비에 두태 1큰술을 녹인 뒤 손질한 고기, 버섯, 두부, 채소, 말이 곤약을 취향에 맞춰 조금씩 넣고 스키야키 타레를 둘러가며 구워주세요. 신선한 달걀 1개를 앞접시에 따로 풀어 채소와 함께 찍어 먹습니다.

1
2
3
4
5
6

✱ 11월의 두 번째 요리

# 청증선패

청증선패(清蒸扇贝)는 맑을 '청', 찔 '증', 부채 '선', 조개 '패'를 합한 말로 쉽게 풀어보면 맑게 쪄낸 가리비 요리입니다. 부채 모양 조개를 뜻하는 가리비는 중국어로 '선패'라고 해요.

광둥식 가리비 찜인 청증선패를 처음 접한 건 중국에 살 때였어요. 한국에선 보기 드문 문화지만, 중국에선 고급 식재료의 경우 요리 전 테이블에 와서 보여주고 가는 경우가 많아요. 그날도 식당에서 식사를 기다리고 있던 저에게 셰프가 직접 가리비를 보여주었는데 크기에 압도되어 놀란 경험이 있어요(그 정도 크기의 가리비는 아직도 보지 못했습니다). 완성되어 나온 가리비 요리도 한입에 넣지 못할 만큼 컸는데, 그만큼 탱글하고 달큰한 가리비의 풍성한 맛과 마늘의 조합이 고급지게 입안 가득 차서 잊으려야 잊을 수 없는 맛이더라고요.

쫄깃한 가리비와 탱글거리는 당면이 마늘 양념, 파 향과 함께 섞여 맛이 배가되는 요리랄까요? 마늘의 깊은 향과 소스의 감칠맛, 가리비의 깔끔하고 달콤한 맛과 당면의 쫄깃함이 잘 어우러져서 한입 가득 넣으면 맛과 식감이 팡팡 터지는 것 같은 기분이 드는데, 불현듯 이 맛이 떠올라 중국 현지 레시피를 정리하고 취합해 만들었어요(평소 궁금한 해외 요리가 있으면 인터넷을 통해 현지 레시피 그대로 찾아 정리해 만들어보곤 해요. 손가락만 움직이면 쉽게 현지 레시피를 찾을 수 있으니 얼마나 좋은 시대인지 모르겠어요). 조리법이 어렵지 않고, 남녀노소 가리지 않고 좋아할 맛에 담음새도 좋아 특히 손님이 왔을 때 만드는 제 필살 메뉴 중 하나입니다. 특히 어르신들도 호불호 없이 좋아하셔서 부모님께서 지인을 초대할 때 요청하곤 하는 메뉴로, 손님 초대 요리로 적극 권합니다. 식사 전 전채로 먹거나, 술안주로도 잘 어울려요.

## ☑ 준비

재료

- 가리비 400g
- 홍고추 1개
- 대파(초록 부분) ½개 분량
- 중국 녹두 실 당면 100g

※ 버미셀리 면, 즉 얇은 쌀국수 면으로 대체 가능하지만 중국 녹두실당면이 더 가늘어 식감과 맛이 더 좋습니다.

- 청주 ½컵
- 굵은소금 넉넉히(고정용)

소스

- 마늘 250g
- 굴소스 1큰술
- 간장 1큰술
- 설탕 ½큰술
- 식용유 적당량

## ☑ 만들기

1. 녹두 실 당면을 물에 담가 불려주세요.

2. 마늘 250g을 잘게 다진 뒤 식용유를 충분히 둘러 중약불에 볶아주세요.
tip. 넉넉한 기름이 소스가 되기 때문에 꼭 기름을 충분히 둘러주세요.

3. 마늘이 황금색이 나려고 하면 분량의 소스 재료를 넣어 볶은 뒤 불을 꺼주세요. 마늘은 금방 탈 수 있으니, 불 조절에 신경 써야 합니다.

4. 깨끗이 손질한 가리비는 과도로 살과 껍질을 분리해주세요.

5. 찜기에 가리비 껍질-불려놓은 실 당면 적당량-가리비순으로 올린 뒤 청주를 부어주세요. 그런 다음 가리비 위에 볶아둔 마늘소스를 넉넉히 쌓아 올린 뒤 끓는 물에 8분간 쪄주세요.

6. 그릇에 굵은소금을 소복이 쌓은 뒤 가리비를 올리고 잘게 썬 파와 홍고추를 올려 마무리하세요.

✗ 11월의 세 번째 요리

# 물 마리니에르

물 마리니에르(moules marinières)는 '바닷가 스타일의 홍합 요리(mussels in the marine style)'라는 뜻을 지닌 프랑스와 벨기에식 홍합 찜이에요. 그중 크림을 이용한 홍합 스튜인 물 아 라 크렘(moules à la crème)을 소개해드리려고 해요.

물 마리니에르는 감자튀김을 곁들여 먹어 프리트(frites), 즉 감자튀김을 붙여 '물-프리트(moules-frites)'로도 불리는데 17~18세기에 저렴하고 쉽게 구할 수 있던 홍합과 감자가 각기 다른 요리로 조리되다가 자연스럽게 하나의 요리로 엮여 물 프리트로 자리 잡았다는 것이 일반적인 유래입니다.

이 음식도 프리트라는 이름이 들어간 만큼 프랑스 음식이다 vs 벨기에 음식이다로 의견이 분분해요. 아무래도 북부 프랑스와 벨기에는 국경이 접해 있다 보니 거리도, 문화도 가까울 수밖에요. 벨기에는 항상 감자튀김과 마요네즈를 곁들이고, 프랑스에서는 바게트를 곁들여 먹기도 한다는데, 제 취향에는 바삭하게 구운 바게트에 소스를 푹 적셔 먹는 것에 한 표 던지겠습니다.

이름이 생소한 만큼 만들기 어렵지 않을까 싶지만 아주 쉽고 간편한데 맛까지 좋아 난도 대비 극강의 효율성을 자랑해요. 크림과 홍합을 국물로 삼은 조합이 감칠맛을 끌어올려 끝없이 들어가고, 제철을 맞아 달큰한 홍합의 감칠맛이 제대로 배어든 크림 홍합찜에 바삭하게 구운 바게트를 찍어 먹으면 너무 맛있거든요. 크림이 들어간 요리를 좋아하는 편은 아니지만, 국물이 은근히 시원한 느낌이 드는 게 크림을 넣은 요리라고 해서 반드시 느끼한 것은 아니라는 걸 알려준달까요. 크림도 취향에 맞게 조리하면 깔끔하면서도 고소한 맛을 내기에 충분하다고 생각합니다.

## ☑ 준비

재료

- 홍합 800g
- 셀러리(큰 것) 1줄기
- 양파 ½개
- 마늘 4톨
- 무염 버터 15g
- 올리브 오일 약간
- 이탈리언 파슬리 15g
- 드라이한 화이트 와인 200ml
- 쿠킹 크림 200ml
- 통후춧가루 적당량

## ☑ 만들기

1. 양파와 마늘은 잘게 다지고, 셀러리는 잘게 썰어주세요.

2. 올리브 오일 약간에 무염 버터 15g을 넣어 ①의 재료와 함께 볶아주세요.

3. 양파가 투명해지면 깨끗이 손질한 홍합과 화이트 와인 200ml를 넣고 뚜껑을 닫아 홍합 껍질이 입을 열 때까지 중간 불에 익혀주세요.

4. 쿠킹 크림 200ml를 넣고 빠르게 섞은 뒤 불을 끄고 통후춧가루 적당량을 뿌리고 이탈리언 파슬리를 굵게 썰어넣으세요.

tip. 이때 크림을 넣고 오래 끓이면 분리되므로 크림을 넣고 빠르게 섞는다는 느낌으로 마무리합니다. 통후춧가루는 취향에 따라 뿌려도 좋습니다.

---

홍합 자체의 염분으로 충분히 간이 되지만 혹시 모자란 경우 소금을 추가해주세요.

1

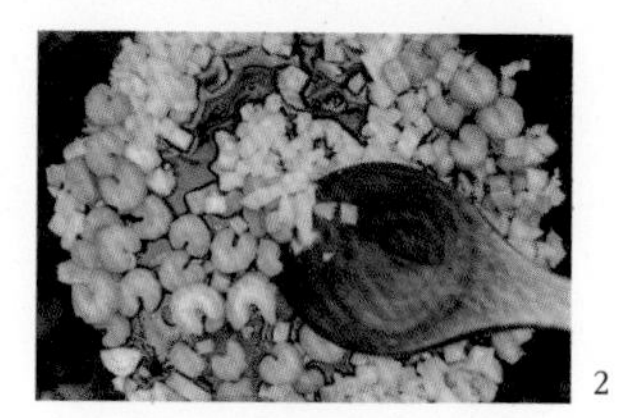

2

3

4

✗ 11월의 네 번째 요리

# 매생이 크림 파스타

조류가 완만하고 물이 잘 드나들어 오염되지 않은 남도 해역의 청정 지역에서 주로 채취되는 매생이는 '생생한 이끼'라는 뜻을 지녔어요.

어릴 때는 매생이의 식감을 크게 좋아하지 않았지만, 이젠 매생이의 보들보들한 식감과 은은하고 향긋하게 머금은 바다 향이 속까지 편안하게 해주는 것 같아요. 기분 좋은 어른의 맛이 난다고 생각해 어느새 찬 바람이 불기 시작하면 즐겨 먹는 식재료로 자리 잡았습니다.

호불호가 나뉘는 식재료이긴 하지만, 겨울에만 나던 매생이를 이젠 냉동 또는 동결건조해 사시사철 구할 수 있는 것을 보면 매생이가 우리 식탁과 더 친해진 것 같아 저같이 매생이를 좋아하는 사람에겐 뜻밖의 소소한 기쁨으로 다가오기도 해요.

매생이 크림 파스타는 크림의 고소한 맛이 해조류 향을 부드럽게 감싸줘 매생이와 별로 친하지 않은 사람도 크게 거부감 없이 먹을 수 있어 매생이 입문용으로도 좋을 것 같고(매생이 양을 줄여 도전해보세요), '바다 맛을 좋아한다, 매생이를 좋아한다, 그런데 크림도 먹는다'라는 분들은 무조건 '호'를 외칠 만한 한 그릇 요리예요. 물론 이탈리아 사람들이 보면 분명 뒷목을 잡을 레시피지만, 요리에 정답이 어디 있겠어요.

매생이와 새우, 전복, 조개를 잔뜩 넣어 다양한 해산물 특유의 풍부한 감칠맛이 한데 어우러져 먹다 보면 자연스럽게 제주스러운 느낌이 들 거예요(색이 주는 시각적 감각이 한몫하기도 하고요). 가벼우면서 산미가 적당한 화이트 와인과 같이 먹어도 잘 어울려 가볍게 페어링하면 더욱 만족스럽게 즐길 수 있을 거라 생각합니다.

## ☑ 준비

재료

- 파스타 면 80g
- 전복 1개
- 새우 3마리
- 바지락 7개
- 마늘 1줌
- 올리브 오일 약간
- 하프 선드라이드 토마토 1줌
- 페타 치즈 약간
- 통후춧가루 약간
- 화이트 와인 ½컵
- 소금 약간

소스

- 매생이 120g(1봉지)
- 쿠킹 크림 200ml
- 페코리노 로마노 치즈(간 것) 10g
- 피시소스 ⅓큰술
- 소금 약간
- 페페론치노 1개

※ 매운맛을 좋아하면 2개

## ☑ 만들기

1. 마늘은 편으로 썰고, 전복과 새우는 내장을 제거해 준비해주세요.

tip. 전복에 세로로 얇게 칼집을 내면 잘랐을 때 모양새가 좋아요.

2. 올리브 오일을 두른 뒤 마늘을 볶고, 색이 나기 시작하면 새우와 전복, 바지락을 넣어 구운 뒤, 새우와 전복은 완전히 익으면 빼놓아주세요. 구운 전복은 먹기 좋은 크기로 미리 썰어주세요.

tip. 이때 마늘은 금방 타니 주의하세요.

3. 마늘과 바지락만 남은 팬에 화이트 와인 ½컵을 넣고 알코올을 날려가며 조개를 완전히 익힌 뒤 입을 열면 바지락을 따로 빼놓아주세요.

4. 깨끗이 손질한 뒤 체에 밭친 매생이를 가위로 잘게 자른 뒤 와인과 마늘이 들어 있는 팬에 넣고 나머지 분량의 소스 재료와 통후춧가루 약간을 넣어 약한 불에서 섞은 뒤 잠시 불을 꺼주세요.

5. 파스타 면을 소금을 넣은 끓는 물(물 1L당 소금 10g)에 70~80% 정도 익혀 준비해주세요.

6. ④의 소스 팬에 면과 면수 1국자를 넣은 뒤 만들어놓은 소스와 함께 중약불로 저어가며 익혀주세요.

7. 파스타가 완전히 익으면 빼놓았던 바지락과 하프 선드라이드 토마토 1줌을 넣어 빠르게 볶은 뒤 그릇에 담아낸 다음 새우와 전복을 올리고 페타 치즈와 통후춧가루 약간을 뿌려 마무리하세요.

1
2
3
4
5
6
7

# December

## 굴, 연말 파티 음식

차가운 날씨 속에서 따뜻한 음식이 더욱 반가워지고, 특별한 자리에 어울리는 음식이 더욱 기대되는 12월은 한 해의 마무리와 함께 사람들과 나누는 시간이 더욱 많아지는 달이에요. 연말 상차림에 어울리는 오이스터 록펠러, 칠리 콘 카르네, 광어 카르파초, 고구마 뇨키로 식탁을 채워 한 해의 마지막을 아름답게 장식할 수 있도록 해보았어요.

✱ 12월의 첫 번째 요리

# 오이스터 록펠러

저희 집 동백나무에 꽃봉오리가 필 때, 거리에 붕어빵이 보일 때, 마트에서 굴을 팔기 시작할 때, 겨울이 왔음을 실감합니다. 겨울을 좋아하는 이유는 수없이 많지만 그중 하나가 '굴'일 만큼 주위 사람들은 대부분 제가 굴을 좋아하는 걸 알고 있어요.

생으로 먹고, 쪄 먹거나 구워 먹고, 파스타나 스튜, 솥밥, 국으로도 먹고, 절이기도 할 만큼 다양한 방식으로 굴을 즐기기 때문에 매년 겨울 굴을 몇 킬로그램씩은 꼭 배달시켜 먹어요. 이쯤 되면 굴을 좋아하는 것을 넘어 사랑한다고 표현해도 될 정도로, 굴을 양식하는 나라에 태어난 걸 감사하게 생각하며 살아가고 있어요.

이번에 소개할 요리 오이스터 록펠러(oyster Rockefeller)는 석화에 시금치와 크림을 올려 구운 요리예요. 여러 맛의 조화로움을 한입에 느낄 수 있는 색다른 요리라 12월처럼 행사가 많은 달에 집에서 홈 파티 메뉴로 내기 정말 좋아요. 오이스터 록펠러는 미국 뉴올리언스의 안토니스(Antonie's)라는 음식점 주인 아들이 1899년에 처음 만든 요리예요. 당시 프랑스 달팽이 요리인 에스카르고를 만들 수 없어 굴로 비슷하게 만든 게 시작이라고 해요.

시금치를 다져 넣어 은은한 초록빛을 띠는 게 돈과 비슷하다고 해서 록펠러라는 이름을 붙였다는 설도 있고, 요리가 기름져서 리치한 맛에 당시 가장 부자인 록펠러의 이름을 붙였다는 이야기도 있어요. 만드는 방법도 생각보다 너무 간단해 제가 좋아하는데, 이 요리의 가장 중요한 포인트는 꼭 하프 셸을 구입하는 것입니다(껍질 까기 힘들어서 굴찜이나 굴구이를 먹을 때를 제외하곤 껍질까지 붙어 있는 석화를 선호하지 않아요). 석화와 하프 셸 중 어떤 것을 구입하느냐에 따라 요리 난이도가 달라질 만큼 아주 쉽고 간단하게 만들 수 있어요. 와인 안주로도 추천합니다.

## ☑ 준비

재료

- 하프셸 석화 11개
- 굵은소금 넉넉히
- 마늘 5톨
- 양파 ½개
- 시금치 200g
- 소금 약간
- 통후춧가루 약간
- 파르미자노 레자노 치즈 (간 것) 20g+약간
- 달걀노른자 1개 분량
- 빵가루 ½컵
- 생크림 100ml
- 오일 스프레이 적당량
- 올리브 오일 적당량

## ☑ 만들기

1. 양파와 마늘을 잘게 다진 뒤 시금치도 잘게 썰어주세요.

2. 올리브 오일 두른 팬에 양파와 마늘을 볶다가 시금치를 넣고 함께 볶아주세요.

3. 시금치와 채소가 모두 익으면 달걀노른자와 갈아낸 파르미자노 레자노 치즈 20g, 생크림 100ml, 소금과 통후춧가루 약간을 넣고 조리듯 볶아주세요.

4. 재료가 골고루 볶이면 깨끗이 씻어 물기를 제거한 하프 셸에 시금치 필링을 얹은 뒤 그 위에 빵가루를 뿌리고 오일 스프레이와 파르미자노 레자노 치즈 약간을 뿌려주세요. 그런 다음 그릇에 굵은소금을 넉넉히 뿌린 뒤 굴을 고정해주세요.

5. 200℃로 예열한 오븐에 15분간 구워주세요. 취향에 따라 레몬과 타바스코를 곁들여도 좋습니다.

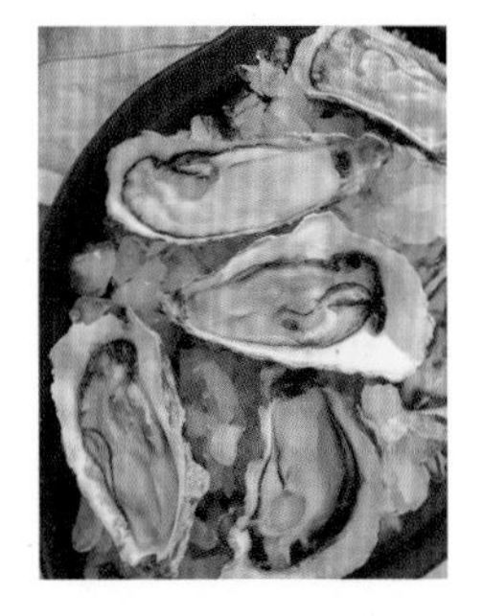

✗ 12월의 두 번째 요리

# 칠리 콘 카르네

칠리 콘 카르네는 주로 칠리라고 불리는데, 미국 텍사스주에서 멕시코 이민자들의 영향을 받아 만들어 먹기 시작한 멕시칸 스타일의 미국 음식이에요. 이번에는 '텍스-멕스(Tex-Mex, 텍사스와 멕시코를 합쳐서 일컫는 말)' 스타일의 칠리 콘 카르네를 소개하려고 해요.

멕시코와 인접한 텍사스부터 시작해 차츰 미국 남부를 거쳐 전역으로 퍼진 칠리 콘 카르네는 오랜 세월 동안 미국 전역에 걸쳐 만들어 먹다 보니 칠리를 활용한 레시피가 아주 다양해요. 소시지를 끼워 만든 미국식 핫도그에 슬쩍 뿌리면 칠리 도그가 되고, 감자와 먹으면 칠리 프라이즈, 햄버거에 넣어 먹으면 칠리 버거가 되는 등 칠리 페퍼 중심의 베이스 스튜에 음식을 넣으면 ○○ 칠리, 칠리 ○○라고 정의되죠. 미국에는 칠리 대회가 있고, 칠리 콘 카르네라는 노래를 부른 그룹도 있을 만큼 대중적인 음식입니다.

저는 이따금 많이 끓여 냉동실에 떨어지지 않게 보관해둬요. 활용할 수 있는 요리가 많아서 그런지 왕창 끓여 소분해서 냉동실에 얼려놓으면 그렇게 뿌듯할 수가 없더라고요. 카레를 잔뜩 끓여놓고 '이쯤이면 며칠간은 무리 없이 식사할 수 있겠지?' 하고 든든한 마음으로 길게 여행 떠나시던 어머니의 마음이 이런 걸까요? 저도 비슷한 마음으로 냉동실에 칠리 콘 카르네를 비축해놓곤 해요. 일반적으로는 붉은 강낭콩 통조림을 사용하지만 저는 콩을 좋아하는 편이 아니라 생략했어요. 집밥의 매력이 또 그런 것 아니겠어요? 좋아하는 재료는 더 많이, 즐기지 않는 재료는 줄이거나 생략하기! 혹시 콩을 좋아하는 분들을 위해 간단한 팁을 남기자면, 붉은 강낭콩 통조림을 흐르는 물에 가볍게 헹궈 넣거나 붉은 강낭콩을 6시간에서 한나절 이상 불린 뒤, 삶아서 홀 토마토를 으깨 넣고 푹 끓여주세요.

## ☑ 준비

재료

- 양파 1개
- 마늘 1줌
- 빨간 파프리카 1개
- 홀 토마토 800g
- 다진 소고기 400g
- 다진 돼지고기 300g
- 사워크림 1큰술
- 슈레드 치즈 적당량
- 쪽파 약간
- 고수 약간

※ 생략하거나 쪽파로 대체 가능

- 나초 약간
- 소금 약간
- 통후춧가루 약간
- 식용유 약간
- 비프 스톡 8큰술

소스

- 마늘가루 1큰술
- 카옌 페퍼 ½큰술
- 파프리카가루 1큰술
- 통후춧가루 ½큰술
- 커민가루 ½큰술
- 양파가루 ½큰술
- 너트메그 ½큰술
- 흑설탕 1큰술

## ☑ 만들기

1. 양파, 빨간 파프리카는 작은 주사위 형태로 자르고, 마늘은 러프하게 다져주세요.

2. 팬에 기름을 두른 뒤 다진 소고기, 다진 돼지고기를 넣은 다음 소금과 통후춧가루 약간으로 간해 바짝 볶아주세요.

3. 고기가 바짝 익으면 다져놓은 양파, 마늘, 파프리카에 분량의 소스 재료를 넣고 볶아주세요.

4. 채소가 어느 정도 익으면 홀 토마토 800g과 비프 스톡 8큰술을 넣은 뒤 되직할 정도로 수분감이 날아갈 때까지 푹 끓여주세요.

5. 그릇에 ④를 담은 뒤 사워크림 크게 1큰술, 슈레드 치즈를 넉넉히 올린 뒤 쪽파를 뿌려주세요.

6. 나초를 담고 취향에 따라 고수를 함께 담아 마무리하세요.

✗ 12월의 세 번째 요리

# 광어 카르파초

광어를 이용해 만든 '카르파초(carpaccio)'는 부드럽게 단맛이 돌면서도 상큼한 소스에 향긋하게 퍼지는 허브 향이 좋아 식사의 스타터로도, 와인과 가볍게 곁들여 먹기에도 훌륭한 메뉴라 좋아해요. 포크로 하나씩 먹는 것보다 스푼에 모든 재료를 가득 올려 한입에 먹으면 다양한 향과 맛이 한데 어우러져 기분 좋게 다가오더라고요.

기본적으로 카르파초는 이탈리아 음식으로, 익히지 않은 소고기를 얇게 저며 마요네즈, 우스터, 레몬즙을 넣어 만드는 요리를 의미하지만, 일본의 생선 문화가 유입된 후 의미가 확대되어 생선이나 양고기로 만든 것 또한 카르파초라 불리게 되었어요.

카르파초와 세비체의 차이점을 궁금해하는 분들이 종종 있더라고요. 둘 다 서양의 날음식인 것은 확실하지만, 엄밀히 말하자면 세비체는 날씨가 더운 페루에서 부패될 걱정 없이 먹을 수 있도록 산 성분으로 단백질을 익히는 요리고, 카르파초는 생선과 채소를 곁들여 소스를 바로 뿌리거나 버무려 먹는 요리예요.

샐러드만큼 만드는 방법도 간편한데, 담아놓으면 그럴싸한 비주얼에 맛도 좋아서 여러 요리를 만들어야 하는 연말 파티 요리로 강력 추천합니다. 저처럼 반달 모양으로 플레이팅해도 좋고, 크리스마스가 다가왔다면, 크리스마스 리스 모양으로 하면 훌륭한 상차림을 연출할 수 있습니다. 연말 파티 상차림을 떠올리면 육류, 크림 같은 묵직하고 기름진 메뉴가 많아서 그런지, 이렇게 상큼하고 담백한 메뉴가 의외로 인기 좋은 메뉴 중 하나예요. 특히 스파클링이나 화이트 와인과 페어링이 정말 좋아요.

☑ 준비

재료

- 광어회 200g
- 샬럿 1개

※ 적양파 혹은 양파 1/4개로 대체 가능

- 석류 알 1작은술
- 방울토마토 7개
- 딜 1줄기

※ 취향에 따라 가감

- 이탤리언 파슬리 1줄기

※ 취향에 따라 가감

- 화이트 와인 비니거 1큰술
- 레몬 1개
- 올리브 오일 6큰술
- 꿀 1+1/2큰술
- 통후춧가루 약간

☑ 만들기

1. 레몬 1/2개는 제스트로 갈고 나머지 1/2개는 즙을 짜주세요.

tip. 제스트를 갈 때 쓴맛이 나니 하얀 부분은 갈지 마세요.

2. ①에 화이트 와인 비니거 1큰술, 올리브 오일 6큰술, 꿀 1+1/2큰술을 넣고 잘 섞어주세요.

3. 샬럿은 잘게 채 썰고, 방울토마토는 4등분해주세요.

tip. 양파나 적양파로 대체한 경우, 채 썰어서 물에 담가 매운 기를 빼주세요.

4. 샬럿과 방울토마토, 광어회를 소스와 함께 버무려주세요.

5. 그릇에 옮겨 담은 뒤 딜과 이탤리언 파슬리 잎을 중간중간 섞어 플레이팅한 다음, 석류 알을 뿌리고 통후춧가루 약간을 뿌려 마무리하세요.

✗ 12월의 네 번째 요리

# 고구마 뇨키

뇨키(gnocchi)는 이탈리아어로 덩어리라는 의미이며 바보라는 뜻의 뇨코(gnòcco)에서 비롯되었다고 하기도 하고, 나무의 혹 또는 옹이를 뜻하는 노도(nodo)에서 왔다는 설도 있어요. 일반적으로 전분을 함유한 감자를 주재료로 하지만, 오늘은 고구마를 활용해 만들었습니다.

저는 구황작물을 선호하지 않는 편이지만 이따금 만들어 먹는 뇨키는 왜 맛있는 걸까요? 반죽하며 뇨키를 만들다 보면 '이제 절대 안 해야지' 하고 마음먹지만, 손이 많이 가는 걸 까먹고, 왠지 뇨키를 만들 수 있을 것 같은 용기가 들 때쯤 한 번씩 만들게 되는 것 같아요. 만드는 시간은 n시간, 먹는 시간은 n분 걸리기 때문에 노동 대비 효율이 떨어지지만 수고스러운 만큼 맛있는 요리라고 생각해요.

개인적으로 고구마 뇨키는 시간이 조금 더 걸리지만 고구마를 삶거나 찌는 것보다 오븐에 굽는 것이 고구마의 맛을 더 농축시키기 때문에 오븐에 굽는 걸 추천합니다(맛과 향이 배가됩니다). 개인적으로 반죽할 때는 고구마 덩어리가 아주 살짝 느껴질 정도로 조금은 러프하게 으깬 뒤 툭툭 빚는 걸 좋아해요. 삶아서 한번 노릇하게 구워내면 식감도 맛도 너무 좋아서, 전 부치면서 하나씩 집어 먹듯 구운 뇨키를 집어 먹고 있는 제 모습을 발견하게 됩니다.

달달하고 쫄깃한 식감의 고구마 뇨키와 파르미자노 레자노 치즈, 크림으로 맛을 쌓아 올린 크림소스, 짭짤한 베이컨 칩, 피스타치오의 오독한 식감이 이루는 밸런스가 참 좋습니다. 여러 풍미가 어우러져 계속 당기는 맛이에요.

## ☑ 준비

재료

- 고구마 600g
- 중력분 1컵(계량컵)
- 소금 1/4큰술 + 1/4큰술
- 피스타치오 10개
- 마늘 1줌
- 베이컨 130g
- 선드라이드 토마토 1줌
- 올리브 오일 약간
- 통후춧가루 약간
- 쿠킹 크림 400ml
- 파르미자노 레자노 치즈 6g
- 페페론치노 2개
- 덧가루용 밀가루 적당량
- 로즈메리 2줄기
- 루콜라 1줌
- 핑크 페퍼콘 적당량

## ☑ 만들기

1. 깨끗이 씻은 고구마는 반으로 잘라 단면이 바닥을 향하게 한 뒤, 170℃로 예열한 오븐에 45분간 구워주세요.

2. 고구마가 익으면 껍질을 벗긴 뒤 스메셔를 이용해 으깨주세요.
tip. 개인적으로 고구마 덩어리가 있는 것을 좋아해 스메셔로만 으깼습니다. 더 곱게 으깨길 원한다면 체에 두세 번 걸러주세요.

3. 중력분 1컵과 소금 1/4큰술, ②의 으깬 고구마를 볼에 넣고 반죽해주세요.
tip. 고구마의 수분량에 따라 반죽이 되다면 밀가루를 조금씩 추가해 포슬포슬한 농도로 조절해주세요.

4. 반죽이 완성되면 도마에 덧가루용 밀가루를 뿌려가며 적당한 크기로 떼어 납작하게 만들어주세요. 취향에 따라 뇨키 보드 혹은 포크 뒷면으로 밀어내가며 만들어도 좋습니다(저는 고구마 뇨키의 경우 납작한 모양의 식감을 좋아해 납작하게 만들었어요).

5. 끓는 물에 반죽해놓은 뇨키를 넣고 떠오를 때까지 삶은 뒤 건져 물기를 빼주세요.

6. 물기를 뺀 뇨키를 올리브 오일 두른 팬에 노릇하게 구운 뒤 빼주세요.

7. 마늘은 편으로 썰고 베이컨은 새끼손가락 크기로 잘라주세요.

8. 잘게 자른 베이컨을 올리브 오일 두른 프라이팬에 넣고 약한 불로 천천히 구워낸 뒤 키친타월에 올려 기름을 빼주세요.
tip. 이때 불이 세면 베이컨이 쉽게 타니 꼭 기름 두른 팬에서 인내심을 갖고 약한 불로 오랜 시간 천천히 볶으며 구워주세요. 노릇노릇 황금빛으로 끓는 기름에 천천히 구워내면 기름기가 쪽 빠지고 바삭한 베이컨 칩을 만들 수 있어요.

9. 베이컨 기름을 어느 정도 걷어낸 뒤, ⑦의 편마늘을 넣어 볶은 다음 쿠킹 크림 400ml와 선드라이드 토마토 1줌, 파르미자노 레자노 치즈 5g, 소금 1/4큰술을 넣고 페페론치노 2개를 부숴 넣은 뒤 로즈메리 2줄기를 넣어 중약불에서 뭉근히 끓여주세요.

10. 소스가 완성되면 바닥에 넉넉히 소스를 부은 뒤 구워둔 뇨키, 루콜라, 남은 파르미자노 레자노 치즈, 통후춧가루, 다진 피스타치오, 베이컨 칩, 핑크 페퍼콘 적당량을 올려 마무리하세요.

FANCY FOOD 1992 NEW YORK: La prima Pasta con Tartufo al Mondo
500g